青少年探索世界丛书——

功德无量的生物工程

主编 叶 凡

合肥工业大学出版社

图书在版编目(CIP)数据

功德无量的生物工程/叶凡主编.—合肥:合肥工业大学出版社,2012.12
(青少年探索世界丛书)
ISBN 978-7-5650-1172-6

Ⅰ.①功… Ⅱ.①叶… Ⅲ.①生物工程—青年读物 ②生物工程—少年读
物 Ⅳ.Q81-49

中国版本图书馆 CIP 数据核字(2013)第 005438 号

功德无量的生物工程

叶 凡 主编	责任编辑 郝共达
出 版 合肥工业大学出版社	开 本 710mm×1000mm 1/16
地 址 合肥市屯溪路 193 号	印 张 11.75
邮 编 230009	印 刷 合肥瑞丰印务有限公司
版 次 2013 年 6 月第 1 版	印 次 2022 年 1 月第 2 次印刷

ISBN 978-7-5650-1172-6　　　　定价:45.00 元

目录

生物工程的诞生与发展

DNA 双螺旋结构模型的伟大
发现者：沃森、克里克

我们知道，没有基因工程技术的出现，就根本谈不上什么新生物技术——生物工程的问世；若没有DNA双螺旋结构模型的发现，也就不会有今天的基因工程；所以，沃森、克里克的发现可以说是生命科学史上的重大贡献，这一发现宣告了分子生物学的诞生。要再谈生命的历程，就不能不从他们两人的这项伟大的发现谈起。

让我们来回顾一下两位科学家的经历吧。沃森是美国分子生物学家。1928年4月6日生于美国芝加哥。1947年毕业于芝加哥大学，取得学士学位，然后进印第安纳大学研究生院深造。1950年获博士学位后去丹麦哥本哈根大学从事噬菌体研究，1951~1953年在英国剑桥大学卡文迪什实验室进修，1953~1955年在加州理工大学工作，1955年去哈佛大学执教。先后任助教和副教授，1961年升为教授。在哈佛期间，他主要从事蛋白质生物合成的研究。自1958年起，任纽约长岛冷泉港实验室主任，主要从事肿瘤方面的研究。

克里克原为物理学家，后成为著名的分子生物学家。1916年6月8日生于英国北安普敦。1937年获伦敦大学学士学位。第二次世界大战期间参加英国海军制造磁性水雷的工作。1947~1949年在剑桥斯特兰奇韦斯实验室工作,1949~1953年在剑桥大学卡文迪什物理实验室工作,1953年获剑桥大学博士学位。

沃森和克里克是怎样走到一起的呢?1951年,年轻的遗传学家沃森来到意大利那不勒斯小城休假。休假期间,他在一个学术报告会上看到了威尔金斯的DNA纤维X射线衍射图片——DNA能够结晶,这是沃森从来没有想到过的事,于是沃森便产生了想学习X射线衍射技术的念头。同时也想见到威尔金斯,和他讨论一些问题。带着这个目的,沃森来到剑桥,到剑桥大学卡文迪什物理实验室学习,当时克里克就在剑桥大学卡迪什物理实验室工作。他们一位是年轻的遗传学家,一位是物理学家,这两位科学家走到了一起,开始了他们的合作研究。谁知他们这一合作,给人类科学史带来了划时代的伟大创举。沃森、克里克是怎样工作的呢?为了便于理解他们的工作,我们先把遗传物质向大家作一简单介绍。我们知道遗传物质是核酸,该酸的组成成分是什么呢?核酸的基本单位是核苷酸,核苷酸又由碱基、戊糖和磷酸组成,许多核苷酸相结合组成长长的分子链,这就叫做核酸。核酸可分为核糖核酸(RNA)和脱氧核糖核酸(DNA)。

RNA所含的戊糖被称为核糖的五碳糖,而DNA则含有由核糖脱去一个氧原子而成的脱氧核糖(脱氧就是脱去了氧原子)。RNA所含的碱基为:胞嘧啶(C)、尿嘧啶(U)、腺嘌呤(A)和鸟嘌呤(C)四种;而DNA也有四种碱基,除胸腺嘧啶(T)代替了尿嘧啶(U)外,其余三种碱基与RNA相同。

DNA好似一个模板,能自我复制。种瓜能得瓜,就是遗传物质由亲代传给子代的结果。遗传物质为什么能自我复制,它是怎样复制的,这些机理都蕴藏在沃森和克里克的DNA双螺旋结构模型的伟大发现之中。

沃森、克里克是怎样发现DNA双螺旋结构模型的呢？说到这里，必须先谈谈他们的工作背景。他们是在威尔金斯和弗兰克林工作的基础上开展研究的。威尔金斯和克里克最初都是物理学家，他们在第二次世界大战中参加过美国的一项军事工程——"曼哈顿计划"，制造了世界上第一颗原子弹，还参加了美国海军新型武器的研制。后来因害怕原子武器的巨大杀伤力和害怕承担道义上的责任，他们转向了生物学研究。

威尔金斯对DNA的研究兴趣来自烟草花叶病毒颗粒首次结晶成功这一事件。当他在操作含有DNA的凝胶时，无意形成了一根丝状物，拿到偏光显微镜下一看，发现这根纤维是完整对称的，形状非常一致。由此他获得了第一张DNA纤维的良好的X射线衍射图。

后来弗兰克林走进了这个领域。她获得了DNA分子X射线衍射的迄今最能说明DNA是螺旋形的B型图像。不仅如此，她还确定了DNA螺旋体的直径和重复距离。尤其是她测量了B型图中DNA的密度后，了解到DNA分子不是单链(在后来的研究中明确是双链)的。她运用帕特森函数分析中的堆集法，确定了糖—磷酸骨架的位置，即磷酸基在螺旋的外侧，碱基在内侧。

沃森、克里克在工作过程中有四次机会接触到了弗兰克林未发表的资料、数据和图片，这对于他们两人日后建立DNA双螺旋立体结构模型是至关重要的。

沃森、克里克做了大量的工作。他们得知核酸生物化学家查伽夫在四种核苷酸比例关系上有出色的研究，于是就找查伽夫谈话，知道波林(化学家)也在从事同一课题的研究，他们就想尽办法了解他的研究动向。他们不精通数学，为了计算碱基之间的引力，就找青年数学家——

老格里菲斯的侄子协助计算。就这样,他们把相关又不相关的物理、化学、数学、X射线衍射技术、结晶学、遗传学等有关资料和数据结合在一起,对它们进行综合研究、分析,把一百多年来许许多多科学家的研究成果,集中装配成了一个具有划时代意义的DNA模型。

这个模型表明,DNA的分子结构由双螺旋形结构组成,故称双螺旋结构。其螺旋的骨架是由核苷酸的糖(脱氧核糖)和磷酸相结合而成的,由彼此反向的两根螺旋分别伸长开来的碱基相互结合而形成双螺旋的横栏。碱基的配对必须是A对着T、G对着C,也就是说A和T配对,G和C配对。从大象到小鸡,从草履虫到人类,所有生物都具有这种携带遗传物质的DNA双螺旋结构,只有特殊的噬菌体是个例外。这样的分子结构很容易解释DNA的自我复制,也就是说,以DNA为模板复制出与DNA完全相同的分子。这一事实清楚地解释了种瓜得瓜是由于亲代把遗传物质(基因)传给子代的结果。这一发现开辟了分子遗传学的新领域。由于这一研究成果,沃森、克里克以及在X射线的衍射分析上作出成绩的威尔金斯共同获得了1962年的诺贝尔医学生理学奖。

沃森、克里克的DNA双螺旋结构模型的伟大发现,不仅为揭示生命的奥秘奠定了基础,同时也为生物学走进经济领域铺平了道路。

生物工程的诞生

"生物工程"这个词,是由英文"Biological technology"的缩写"Biotechnology"翻译而成,也有人译成"生物技术"或"生物工艺学"。

顾名思义,生物工程就是生物学和工程学的有机结合。它利用生物学的现象,通过工程学的方法来改造生物,加工生物材料,研制出有益于人类并服务于社会的各种产品。

1982年,国际经济合作和发展组织的一个专家组给生物工程(生物技术)下了一个定义:利用生物体系,应用先进的生物学和工程学技术,加工或不加工底物原料,以提供所需的各种产品,或达到某种目的的一门新型的跨学科技术。

此定义中的"生物体系"除指传统发酵所利用的微生物外,还包括现代生物技术所利用的动植物细胞或细胞中的酶;"先进的生物学和工程学技术"是指基因工程、细胞工程、酶工程和发酵工程等新技术;"底物原料"包括常用的淀粉、糖、蜜、纤维素等有机物,也包括一些无机化学物,甚至包括无机矿石;"各种产品"包括医药、食品、化工、能源、金属产品和各种动植物的优良品种等。此外,利用生物工程还能解决某些环境污染问题,近些年来一些国家甚至把这一先进技术应用于军事方面,这些应用即定义中所称的"某种目的"。

生物工程是怎样发展起来的呢?生物工程这个词,虽然是20世纪70年代中期才出现的,但要追溯它的历史,得从远古时候说起。古代时人们就会利用微生物发酵法来制醋、做酱、酿酒等。例如,出土文物中曾发现过湖南豆豉,但古代人并不知道微生物的存在,更不懂得什么是发酵,他们对微生物的利用完全依靠多年的感知和摸索出来的经验。

19世纪中期,法国的巴斯德发现了发酵现象,这可以说是生物工程的一个里程碑。20世纪初第一次世界大战期间,人们用发酵法生产原料、制造炸药,开创了发酵工业。20世纪40年代,人们发现了青霉素,此后抗生素工业开始出现。到了60年代,日本人在制造氨基酸产品时发明了固定化酶连续使用的新技术,这项技术使酶制剂、氨基酸、核酸、有机酸发酵工业相继获得发展。

19世纪初,孟德尔发现了豌豆的遗传规律,提出"遗传因子"概念(即现在所称的基因)。20世纪初,美国学者摩尔根证实了基因排列在染色体上,并发表了关于基因论的著作。 20世纪40年代,人们证明了遗传物质就是核酸。1953年,沃森和克里克提出了惊人的DNA双螺旋结构模型,阐明了遗传物质(基因)贮存在DNA结构之中,由此开辟了现代分子生物学的新纪元。生命乃是蛋白质存在的一种形式,而蛋白质是由基因来编码的。20世纪60年代初,尼伦伯格等一批科学家确定了遗传密码;1958年,克里克等一批科学家发现了遗传信息传递的中心法则"脱氧核糖核酸(DNA)→核糖核酸 (RNA)→蛋白质";1956~1966年,美国微生物学家莱德伯格发现了细胞质粒;1968年梅塞尔松和瑞士的阿尔伯从大肠杆菌中分离出了限制性核酸内切酶……20世纪70年代初,基因工程技术应运而生。1975年,英国开始了细胞融合的杂交瘤技术,制成了单克隆抗体。在这种情况下逐渐出现了生物工程这个词,形成了现代的生物技术。

从上面介绍的这几个发展阶段来看,人类利用生物功能的设想早已存在。如牛痘及各种疫苗的发现和应用,可以认为是生物技术的雏形。传统的生物技术时代与现代的生物技术有着根本的差别,因为前者只是直接利用生物的某种功能,而后者正朝着改变、修饰、重构生物功能的方向发展,即利用基因工程、细胞融合技术来改造生命体,使其执行新的生物功能以产生地球上奇缺的物质。

生物工程的内容

前面介绍了生物工程一词的来源,那么,生物工程研究的具体内容

又是什么呢?科学家们一般认为,生物工程主要包括基因工程、细胞工程、酶工程和发酵工程。其中的基因工程主要依靠的是基因重组技术;细胞工程主要体现为细胞融合技术和细胞培养技术;酶工程和发酵工程则必须通过生物反应器才得以进行。生物工程的外延还包括蛋白质工程、胚胎工程和生化工程、糖生物工程等,也有人把医学工程、仿生学(诸如模拟酶)、膜技术也包括在内。

基因工程、细胞工程、酶工程和发酵工程不是孤立存在的,而是彼此之间相互渗透、互相结合的。例如,用基因重组技术和细胞融合技术可以创造出许多具有特殊功能和多功能的"工程菌"和超级菌,再通过微生物发酵来产生新的有用物质。酶工程和发酵工程相结合可以改革发酵工艺,这样不但能提高产量,同时也能增加经济效益。

20世纪70年代末生物工程的问世,使人们看到了解决食品短缺问题的希望。应用细胞工程,可以通过细胞和组织培养技术进行快速繁殖(也叫试管苗);通过基因转移技术可以培育出抗寒、抗旱、抗盐碱、抗病的新品种,以提高农作物产量和降低生产费用。目前,利用生物工程,无论在大田作物、蔬菜、果木等的优良品种的选育上,还是在海洋资源的开发上,以及在畜牧业、医药工业、轻工、化工、环保等方面,都有很多成功的实例。下面,首先将四大支柱工程的具体内容作一个简要的介绍。

基因工程

基因工程是20世纪70年代初兴起的一门新技术。我们知道,小到病毒,大到高等生物,一切生物的遗传物质都是核酸。在高等生物中,遗传物质的传递,通常是通过交配、精卵结合的方法来完成的。这个受精卵不断地分裂、增生、特化而形成新的生命体。例如，南瓜只有开花、授粉、受精后才能结出小南瓜；小麦也只有授粉后才能结果实等。但是，要创造新品种，采用杂交方法是有局限性的，因为只有亲缘关系比较近的物种才可以杂交，而亲缘关系比较远的就不能杂交了。例如，玉米和杂草就不能杂交，牛和猪也不能杂交，因为它们不是同一个物种。但基因工程技术正朝着解决这个问题的方向努力。

基因工程究竟是怎么一回事呢？它是用人工的方法，把不同生物的遗传物质分离出来，在体外进行剪切、拼接后再重组在一起，然后把杂交的遗传物质(在学术上叫做重组体)放回宿主细胞(例如大肠杆菌或酵母菌细胞)内进行大量复制，并使一种生物的遗传物质在另一种生物(宿主细胞或个体)中表现出来，最终获得人们所需要的代谢产物。这一过程就是人工重新设计生命，重新创造生物，并使新生物具有一种新的生理功能的过程。因此，基因工程可以理解为按照人们的预想，重新设计生命的过程。又因为它是遗传物质的重组，所以也有人把基因工程叫做重组DNA技术。

下面我们要进一步谈谈基因工程是如何进行的。进行基因工程操作，必须具备必要的条件：首先要有能剪开遗传物质(基因)的"剪刀"，这种"剪刀"被人们称为限制性核酸内切酶。同时还要有把不同的遗传物质连接在一起的"糨糊"，以组成重组体，这种"糨糊"叫做DNA连接酶。另外，要把一种生物的遗传物质转移到另一种生物体内，还需要有搬运基因的"工具"，这种搬运"工具"通常称为运载体。运载体一般采用细菌的质粒或能感染高等生物的某些温和病毒，还有能感染细菌的噬菌体也可充当运载体。下面举例加以说明。

大家都知道，有的人岁数增长而个头不长，人们称这为侏儒症，这

8

是什么原因造成的呢?这是由于这些人的体内缺乏生长激素的缘故。生长激素是人的脑垂体产生的一种蛋白质激素,它能够促进人体长个头。如果给患侏儒症的人注射这种生长激素,就能使他们长高了。

但是,人的生长激素具有种属特异性,即只有用人的生长激素才能治这种病,用别的动物的生长激素就不行。过去治疗侏儒症的生长激素只能从死人的脑子里提取,这样获得的产量很低,价格昂贵。若给一个患侏儒症的人治病,其一年的生长素用量就得从50具尸体的脑子里提取。

自从基因工程技术研究成功后,生产人的生长激素就不难了。那怎样用基因工程的方法去生产人的生长激素呢?首先要获取人的生长激素基因。通常都采用人工合成的方法来合成人的生长激素基因,然后利用大肠杆菌的质粒作为运载体。质粒是什么东西,有什么特点呢?质粒是一种环状双链结构的 DNA 分子,它大多存在于细菌的细胞质中,是细菌染色体外的一种遗传物质。它能够在细菌细胞里复制自己,并且可以自由出入细菌细胞。有了大肠杆菌质粒作为运载体,再选择同一种限制性核酸内切酶去切割人工合成的人的生长激素基因和质粒,使它们产生相同的末端,这样就可以把人的生长激素基因接到环状质粒上去,组成新的重组体,再把重组体引入大肠杆菌。这种大肠杆菌和原来的大肠杆菌不一样,它带有人的生长激素基因,所以称为工程菌。把工程菌放进发酵罐里培养,它的代谢产物中就有了人的生长激素。

1983 年,用基因工程方法通过大肠杆菌生产的人的生长激素产品已进入市场。

细胞工程

什么叫细胞工程呢?现在对细胞工程的定义和范围还没有一个统一的看法。一般认为,以细胞为基本单位,在离体条件下进行培养繁殖或人为地使细胞的某些生物特性按照人们的意愿发生改变,从而改良生物品种和创造新品种,或加速繁殖动植物个体以获得有用物质的过程,就叫细胞工程。细胞工程包括动植物的细胞和组织培养技术、细胞融合技术(也称体细胞杂交)、染色体工程技术以及细胞器移植技术。

在动物细胞融合方面,发展最快的是用杂交瘤技术生产单克隆抗体。目前单克隆抗体不仅用于疾病的诊断和治疗,同时还可用于疾病的预防及发酵产物的分离、提纯工作和生物医学研究等方面。

此外,可对动物细胞进行大量培养使之产生有用物质。早在20世纪60年代末,人们就开始用这种方法来制造疫苗,近年来还用人的细胞生产干扰素、尿激酶等贵重物品。不过,当前对动物细胞进行大量培养所用的培养基需添加5%~10%的小牛血清,这不但来源困难,且价格昂贵。因此,当前应努力研究出一种不用小牛血清的培养基,这是十分必要的。

对于细胞器移植技术,多年来各国学者都在默默地研究着。例如,我国著名生物学家童第周先生在世时一直致力于移核鱼的研究,我国科学家也培育出了移核羊。近年来英国克隆羊的问世,不仅轰动了科学界,也令各国政府感到不安,唯恐克隆出人而导致不堪设想的人类进化与伦理学问题。但是,应该认识到,不管怎样,克隆技术毕竟是人类科学史上的一大成就,正像和平利用原子能一样,必将造福于人类。

酶工程

什么是酶?举一个很简单的例子,我们吃进的食物,需要在一系列酶的作用下才能被人体吸收。在口腔里有唾液酶,到胃里有胃蛋白酶,肠里有胰酶等,这样进入消化道的食物才能逐渐消化而被人体吸收。所以给酶所下的定义是:酶是生物 (如微生物、动植物细胞)体内进行新陈代谢和物质合成、分解、转化所不可缺少的生物催化剂。酶在生物体内的催化只需要常温、常压,而且在催化反应时的特异性很强,某一种酶专门催化某一反应。

那么,酶工程是什么?酶工程就是利用酶或含酶的细胞所具有的某些特异催化功能,利用生物反应器(即发酵罐)和整个工艺过程来生产人类所需要的产品的一种技术。它包括固定化酶、固定化细胞技术和设计、生产酶的发酵罐等。

固定化技术又是什么呢?固定化技术就是将酶或细胞吸附在固定载体上或用包埋剂包埋起来,使酶不容易失活,可以多次使用,借此来提高催化的效率和酶的利用率;而固定化细胞又是固定化酶技术的发展,它不必将酶从细胞中提取出来。

在固定化技术的基础上,最近几年又研制出了生物传感器。生物传感器是一种测试分析工具。它的特点是灵敏、快速、准确。它主要用在化学分析、临床诊断、环境监测、发酵过程控制等方面。生物传感器的类型有酶传感器、细胞传感器、微生物传感器和免疫传感器等。在发酵工业中已能用传感器来测定温度、液位、罐压等指标。

另外,在酶工程的开发中,迅速发展的还有生物反应器 (即发酵罐)。

目前设计的生物反应器有活细胞反应器、游离酶反应器、固定化酶和固定化细胞反应器、细胞培养装置、生物污水处理装置等,仅固定化酶反应器的种类目前已多达几十种。

发酵工程

什么叫发酵工程呢?发酵工程就是给微生物提供最适宜的生长条件,利用微生物的某种特定功能,通过现代化工程技术手段生产人类所需产品的过程,也有人称之为微生物工程。

微生物本身能生产的产品有蛋白质 (通常是单细胞蛋白和酶)、初级代谢产物(如氨基酸、核苷酸、有机酸等)、次级代谢产物(如抗生素、维生素、生物碱、细菌毒素等)。同时利用微生物对某些化学物质进行改造,对有毒物质进行分解以达到保护环境的目的。

现在的发酵工程不仅能利用微生物,而且也可以利用动物、植物细胞来发酵生产有用的物质。

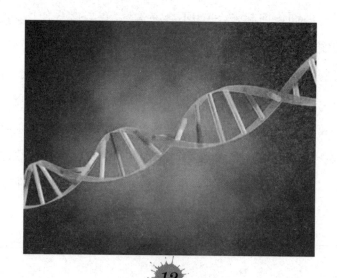

细胞工程

细胞工程是相对于常规育种技术而言的，它的操作单位是细胞或亚细胞，它的理论依据是植物细胞全能性的发现和细胞全能性理论的建立。细胞工程涉及面很广,主要包括细胞培养、细胞融合、组织重组和遗传物质转移等多个方面。

动物、植物及微生物的细胞都可以进行培养，只不过每种细胞的"口味"不同,即培养不同细胞所需的培养基的成分不同。有的细胞比较"娇气"，"口味"刁,要求的住宿条件也高,而有的细胞则很容易"伺候",吃一些粗饲料就心满意足了。一般来说,培养的细胞都要住在特定的"公寓"——细胞培养箱中。箱中恒温、恒湿,有的还需要一定的二氧化碳浓度。

细胞融合,也叫体细胞杂交,即指两个或多个除去细胞壁的细胞(也称为原生质体)融合成一个完整的细胞,经过分裂和分化,发育成完整植株的过程。这是一种完全不经过有性过程,只通过体细胞融合制造杂种的新方法。

组织重组,即将不同组织来源的细胞组合到一起,创造出一种"杂种细胞"。目前人们已经创造出许多令"上帝"也愕然的新品种,其中最有名的是"杂交瘤"细胞。这是将小鼠的可以分泌某种抗体的淋巴细胞与小鼠的恶性淋巴瘤细胞融合,通过筛选,培养出既可以像恶性淋巴瘤细胞那样无限生长,又可以像淋巴细胞那样不断分泌抗体的杂种细胞。

这种杂种细胞可以无限地分泌人们所需要的某种抗体，为广大的科研工作者及临床诊断提供既纯净又廉价的单克隆抗体。

细胞作为生命体的基本组成单位，它是生命分子生产、加工的厂房。各种生命分子，无论是核酸、脂类、蛋白质或糖类，其最终活性的表达都离不开细胞这个厂房。所以说，它和基因工程、蛋白质工程密不可分。

细胞王国探秘

通常,细胞是非常微小的,人们往往用微米来度量它,1微米等于百万分之一米。以一个普通的人体白细胞为例,它大致呈圆球形,直径约25微米,这就是说,10亿个白细胞紧挨在一起,相当于1立方英寸(0.0000164立方米)。细菌的直径为1微米,也就是说,一个人体细胞内可容纳1万多个细菌。如果我们想进入细胞王国探密或旅游,那么,我们就必须缩小到像细菌这样的大小来解决怎样进入这个难题,即把我们自身缩小100万倍,这也等于说,我们让自己保持原样,而把我们周围的每样东西都放大100万倍。这样一来,地球将大大超出太阳的现有位置,一架波音飞机从杭州起飞,前往首都北京,需要整整花上200多年,而细胞则会增大到一个大厅那样的大小。这时,我们可以站在细胞的任何位置,对引人入胜的任何部位尽情观赏,并对每一细节,直到单个分子进行详细的鉴别。

来到细胞王国前,可以清楚地看到,它被一层柔软的薄膜所包裹,这层薄膜称为细胞膜或质膜,它是护卫细胞王国的"城墙"。与生活中的城墙不同的是,细胞王国的"城墙"并不算厚,也不很坚固,相反,它具有很大的柔韧性和可塑性,以至造成许多的细胞表面犹如山峦起伏,有些细胞表面奇形怪状,突起丛生,有些细胞则坑状内陷,崎岖不平,有些细胞甚至呈现深沟裂谷。细胞王国的"城墙"是由两层磷脂分子"砌"成的,其中结合了许多起加固作用的蛋白质:"城墙"上精心开凿了许多"城门",不同的物质

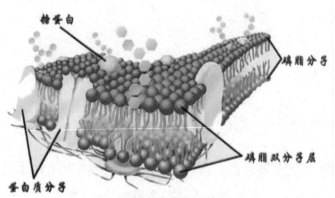

糖蛋白

磷脂分子

磷脂双分子层

蛋白质分子

细胞膜的结构示意图

选择适合自己的"城门"进进出出,一片繁忙的景象。"城墙"外还"安装"了许多受体蛋白,它们就像各种类型的电视天线和无线电接收器,接收和传递着不同的信息,使细胞迅速作出反应。通常,细胞表面并不平静,经常会发生"火山爆发"或"大地震",如果在空中俯视细胞,则常常可以看到在寂静的细胞表面突然出现"火山口",喷吐各种分泌性产物,或者相反,细胞表面内陷为裂口,把外界物质吸入细胞内部。在植物细胞膜外,还包裹了一层坚韧的细胞壁结构,它是由纤维素和果胶质等物质精密编织而成的,它使植物细胞王国更加稳固和安全。

进入细胞王国,我们首先踏进细胞质这一神秘的环境。这个环境没有我们熟悉的空气和土壤,而是充满了水和蛋白质等组成的胶状物质,这种胶状物质被称为细胞质基质,细胞王国内所有的"建筑"、"设施"和"机构"都悬浮在细胞质基质内。同时,整个细胞还被一排排坚固的微管和一束束坚韧的微丝所支撑和缠绕,这些微管和微丝就像大厦的钢筋和柱子一样,组成了细胞的"骨架"。

细胞王国内有各种各样的"建筑"和"机构"。它们造型独特,风格迥异,彼此执行着特殊的任务,既有分工,又有合作,使细胞王国的各项

"工作"秩序井然,有条不紊。这些"建筑"和"机构"被称为细胞器。它们都有各自的名称和代码,其中最常见的细胞器有:细胞核、内质网、高尔基体、线粒体、叶绿体、核糖体、溶酶体、过氧化物酶体等。细胞核位于细胞的中央,是细胞王国中最引人注目的"建筑"。它是一个巨大的球状体。它的体积约占细胞总体积的十分之一,若把细胞放大100万倍,它就成了一个直径约30英尺的宽敞房间。细胞核的外壳由两层薄膜包围而成,它们作为两道屏障,把细胞核与细胞质隔开。在薄膜屏障上有许多精致的小孔,称为核孔,它是一种8重辐射对称结构,就像一个精美的"八卦阵"。核孔是物质进出细胞核的大门,它戒备森严,只允许和细胞核密切相关的物质通行,这些物质通常都持有特殊的"通行证",并经过一道道严格的"验证"手续,方能出入。细胞核是细胞王国的司令部,是细胞生命活动的调控中心,是遗传信息储存、复制和表达的场所。它具有神奇的魔力,细胞的一切生命活动,包括细胞的生长发育、遗传变异、生老病死都由它控制。细胞核的这种魔力是通过分布在DNA上的各种基因来发挥的。控制生命活动的各种信息通常以化学密码的形式储存在基因内。化学密码是由4种脱氧核糖核苷酸通过不同的组合编排而成的。在人类的每个细胞核中存在约30亿个核苷酸,内有3~4万个基因。通常情况下,细胞核内30亿个核苷酸组成的DNA和蛋白质结合在一起,组成染色体。基因就蕴藏在染色体中,它们作为生命特有的信息"存储器",通过特定的信使分子读出信息,向细胞发号施令。

内质网是细胞王国的重要机构,是细胞生产蛋白质和脂类物质的"化工厂",同时还是细胞"出口"蛋白质的重要基地。内质网的建筑风格独特,由一系列扁平而封闭的膜囊组成,膜囊三五成群,层层叠叠,膜囊间通过一些膜性管道相联系。在部分内质网的膜囊表面,安装了大量被称为核糖体的微球形装置。这种装置是细胞合成蛋白质的机器,由它们合成的蛋白质可以穿过内质网的膜,进入由膜包围而成的囊腔内。在囊腔内,蛋白质被初步加工,如进行必要的折叠,或用碳水化合物点缀、修饰,贴上各种"标签"以便分类运输,等等。经过初步加工的蛋白质随后穿上"膜袍",并形成一个个小膜泡,脱离内质网,游离到细胞质中。这些包裹了蛋白质的膜泡就像一艘艘小舟,把蛋白质运输到另一种细胞器——高尔基体。

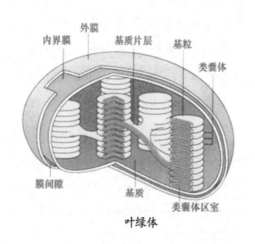

叶绿体

高尔基体是细胞王国的大型"加工厂"和"进出口公司",它的建筑风格和内质网非常相似,也是由大量扁平而封闭的膜囊所组成,看起来颇似一叠大而有双层壁的碟子。从内质网合成的蛋白质以及来自细胞其他部位的糖类物质、脂类物质等,最终都被运送到高尔基体,在这里进一步合成、加工、包装,成为合格的产品。这些产品随后被分门别类地装载到一种称为分泌泡的膜泡结构中,部分运到细胞的各个部位,部分则由分泌泡将它们运送出细胞外。

线粒体是细胞王国的"发电厂",由它提供细胞的能量和动力。线粒体的外观呈椭圆形,被包裹在一层薄薄的光滑而半透明的膜中:透过这层外膜,可以看到一层粉红色且布满无数很深裂缝的内膜。从内部看,这些裂缝的结构呈嵴状,称为线粒体嵴。实际上,线粒体嵴是由内膜折叠而成,这是一种增加膜的表面积而又不需增加线粒体体积的方法,从而大大增加了线粒体的有效空间。在线粒体嵴上,安装了一台台"发电机组"和"能量转换器",其间布满了密密麻麻的电子传递线路。由"发电机组"产生的动力,通过"能量转换器",被储存在一种称为ATP的化学物质中。这种ATP物质被不断地从线粒体运往细胞王国各地,供各部门使用。

叶绿体是植物细胞所特有的结构,它的外形类似线粒体,也由两层膜包围而成,它的内膜也发生折叠。叶绿体比线粒体大,并呈绿色。叶绿体的内膜折叠程度比线粒体更高,常常多次折叠,形成许多碟状的囊,称为类囊体。许多类囊体堆积在一起,形成一种圆筒状结构,称为叶绿体基粒。在叶绿体基粒内,含有大量叶绿素,它是一种光电动力装置,能征服太阳,捕捉光量子,合成能量物质ATP。与此同时,叶绿体内还有许多光合作用"机器",它们在ATP的驱动下,利用二氧化碳和水,合成碳水化合物,大量地生产粮食。因此,人们赞美叶绿体是一座美丽的绿色生命大厦,它给世界带来了绿色生机,使人类和万物生灵得以生存。

溶酶体和过氧化物酶体是细胞王国的"环保机构"和"垃圾处理场"。细胞王国无时不在进行着复杂的生命活动和新陈代谢。在这些过程中,不可避免地产生一些"废物"和"垃圾",如衰老或病变的细胞器、有毒代谢产物如氨、过氧化氢、自由基等,它们能被及时地运送到溶酶体或过氧化物酶体中,得到妥善处理。溶酶体和过氧化物酶体都是一种球形结构,由单层膜包裹而成,膜内含有各种酶。溶酶体中含有种类繁多的水解酶,几乎能够分解蛋白质、核酸、脂类、多糖等所有的生物大分子;过氧化物酶体中含有氧化酶、过氧化氢酶等,能将自由基、过氧化氢等及时清除。溶酶体和过氧化物酶体中的各种酶是一群勤劳的"清洁工",它们日夜操劳,保证细胞在一个无污染的环境下进行生命活动。

细胞全能性与细胞克隆

细胞克隆

细胞无性繁殖叫细胞克隆。由一个细胞开始增殖到多个细胞叫做单细胞克隆。大多数微生物细胞、植物细胞和个体在自然条件下可以无性繁殖方式生存。但要注意,在生物工程中被人工克隆的细胞主要是指原本已经不能或很难再分裂和分化的细胞。例如成年人的多数脏器手术切除后很难再生,新的克隆技术将打破这样的限制。

细胞的全能性

人工细胞克隆技术是为了解决正常情况下不再或很难分裂、分化的细胞而建立的。所谓分化,就是由一个细胞的分裂而形成各种组织或器官的过程。分化后的细胞彼此之间在形态和功能方面出现差异。动物体细胞是分化后的细胞,正常情况下不能像受精卵那样转变为一个个体。但人们发现,一个个体的所有细胞,无论是体细胞还是性细胞,所含的 DNA 或基因是一样的,这一发现叫做细胞的全能性。细胞全能性是细胞克隆的基础。当原受精卵分化成为一个个体后,体细胞的大部分基因特别是有关负责分化的基因已经关闭且不能在一般条件下恢复(反分化),但通过体外处理,体细胞能够恢复分化。

干细胞分化

干细胞是动物和人胚胎中具有可分化成为各种组织器官的细胞。成体中的细胞大多已经丧失了分化成各种器官的能力,成体中少数干细胞仅能分化出某一种器官或组织。人们很早就希望能在体外实现成体中细胞的定向分化,即随时分化出人们需要的器官或组织。比利时科学家凯瑟琳·维尔法伊经过 3 年努力,于 1999 年成功地建立了一套能将干细胞培养成为人体多种器官的培养液。这样,今后人体器官的移植将实现逐步自体化,而且不需要进行细胞核移植。

核移植技术

真核细胞的遗传物质除了分布在细胞核以外,线粒体、叶绿体中也有自己的遗传物质——DNA,细胞的生命活动受到细胞核和细胞质中遗传物质的双重控制。细胞质中遗传物质的作用离不开细胞核遗传物质的作用,决定细胞特性的主要是细胞核 DNA。但细胞质中的 DNA 和其他调控物质对细胞核中的 DNA 表达有一定调控作用,通过核移植技术证实了这一点。

当一个细胞的细胞核被替换后,形成了新的细胞核与原有的细胞质之间的新型关系,大量的实践结果表明,一个原本停止分化的细胞核在遇到具有分化能力的细胞质以后,该细胞核的分化能力出现不同程度的恢复,如果细胞质来自具有无限增殖能力的癌细胞,新的细胞核受这样的细胞质影响便开始无限增殖。

单克隆抗体

要说明单克隆抗体，首先需要对免疫原理做初步介绍。人体和动物有一套对付传染病的机制，人们对这种机制的认识至今仍在不断深化，已知免疫是其中最主要的对付传染病的方法。当人或动物受到病原微生物或其他异物(抗原)的刺激后，人体或动物的免疫组织会释放出和外来刺激相对应的抵抗物质(抗体)。这一抵抗物质不但能及时杀灭或消除有害的外来刺激，而且有一定的生物学半衰期，较长时间存在于体内，如果同样的外来刺激重新入侵，这种抵抗物质会在外来刺激产生危害之前将其危害作用消除。这样的抵抗物质对外来刺激有专一性(即一种抗原刺激产生一种抗体)，也可以预先由异体获得(即母体血液或乳汁传递及注射抗体)。遗憾的是，这样的物质在体内含量甚微，而且至今不能

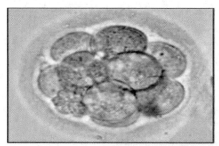
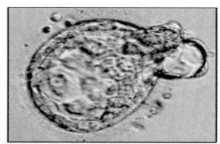
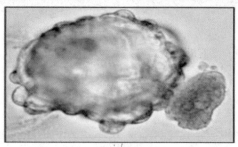

人工化学合成。为了让人或动物预先获得这样的物质，人们想到用杀死或除去治病能力的病原微生物(疫苗)或有害的异物(抗毒素)预先刺激人体(接种)，可是，有些病原微生物经常改变自身的结构，这样的预防措施无能为力。所以，必须找到一种办法，及时将对付单一外来刺激的抗体单独分别大量生产，这就是单克隆抗体。

癌变机理虽然没有完全识破，但至少可以说，癌变是有原因的，就是细胞核外物质对细胞核 DNA 影响的结果，导致不再需要分裂的细胞开始分裂。将正常无分裂和分化能力的体细胞的细胞核 DNA 移入到去除原细胞核的癌细胞中，被移植的 DNA 也可同样恢复分裂和分化。根据这一事实，人们可以将携带有抗体基因的 DNA 用各种方法移入到去掉细胞核 DNA 的癌细胞中，由此实现抗体的大量合成，这就是单克隆抗体细胞技术。从经过单一抗原刺激的小鼠体内分离得到产生抗体的细胞并和肿瘤细胞融合形成杂交体，筛选所需的杂交体并扩大培养后便可分离到对付单一抗原的抗体。

体细胞克隆

什么叫体细胞?通俗说来，一个人体，除去性细胞(精子和卵子)和脊髓等部位的有分化能力的细胞外，其余的细胞都可以叫做体细胞，体细胞构成生物个体。正常情况下，体细胞失去了分化成为其他细胞的能力，从一个体细胞不能直接分化出一个个体，只有通过有性生殖过程，在两种性细胞结合形成卵子后才可形成新的个体。生物繁殖的进化过程是从无性生殖到有性生殖，有性生殖比无性生殖在进化上高级。但在自然界，特别是在人们的实际生活中，经常遇到需要原本丧失了分化能力的细胞恢复分化的需求，如人体器官再生和自体移植，珍稀动植物的快速繁殖等。另一方面，许多疾病机理特别是癌症机理研究，亟须科学家深入了解体细胞为什么突然恢复了分裂。同时体细胞克隆应运而生。

体细胞的克隆过程比较复杂，简单地说，动物的卵细胞、成年期动物的乳腺细胞和脊髓细胞具有细胞分裂的能力，将体细胞的细胞核移植到去掉细胞核的卵或乳腺细胞中，体细胞可以恢复分裂和分化能力，不经过有性生殖，这样的体细胞也能够形成一个个体，这就叫体细胞克隆。

克隆羊、猪已经成功，但目前世界各国对克隆人褒贬不一，一些国家也相继出台法律制止克隆人，一些国家对克隆食品也严令禁止。从理论和实践上来说，体细胞克隆的成功是 20 世纪末生物工程在细胞改造方面取得的重大进展。细胞工程不仅为人体自体器官移植，为延长人的寿命，为保护珍稀动植物开辟了新的途径，而且对人类社会关系产生了巨大影响，使千百年来家庭生活是以子女为基本目的的状况受到威胁。必须指出，体细胞克隆技术如同原子弹技术，人类在掌握了这些技术之后，通过立法和道德规范来约束人类自己，不会容忍这些技术的滥用。

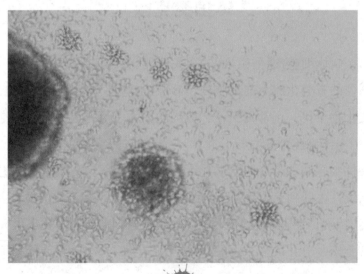

脐血干细胞库

在医院洁白的病床上,躺着一个瘦弱、苍白的女孩,她血色素很低,每隔几星期就要输一次血。医生诊断她是先天性造血功能不良,唯一的治疗办法是进行造血干细胞移植,重建造血功能。

医院中像这样的病人不在少数,许多遗传病、血液病、免疫性疾病及恶性肿瘤病人,需要用造血干细胞移植的方法来治疗。如白血病,俗称"血癌",手术和放化疗的治愈率不足 20%,而采用造血干细胞移植,治愈率能达到 50%,是目前国内外攻克"血癌"比较先进的方法。

造血干细胞是生成各种血细胞的最起始细胞,又称造血多能干细胞,存在于骨髓、外周血及脐带血中。它既具有高度自我更新能力,又具有进一步分化成为血液各系统祖细胞的能力,能生成各种血细胞。科学家利用它的这两种能力,先对病人用放射线或大剂量化学药物使其免疫系统抑制,再输入献血者的造血干细胞。这样,输入的造血干细胞就可以在病人骨髓内定居下来,增殖分化,不断生成血细胞,这就是造血干细胞移植。

骨髓是人体正常的造血场所,储存有大量的造血干细胞。最早开展的造血干细胞移植是骨髓移植,即从捐献者抽取骨髓,输入病人体内,利用其中的造血干细胞,使造血功能重建。骨髓移植成功的关键在于要有合适的捐献者,即捐献者与病人的血型匹配合适,否则会出现严重的排斥反应。但根据统计,两个没有血缘关系的人,他们的血细胞配型合适的几率仅为几万分之一。由于骨髓捐献者来源很少，因此，能够碰巧找到合适捐献者的幸运儿就很少。

此后再发展起来的技术是外周血造血干细胞移植。这种技术是用药物将骨髓中的造血干细胞动员到血液中，再将造血干细胞分离出来用作移植。这种方法避免了对骨髓的损伤，还可用于收集病人自己的造血干细胞，处理后再回输，可避免排斥反应。

近十几年来，少数思维敏捷的科学家首先注意到，在残留的新生儿出生时的脐带及胎盘中，含有较多的造血干细胞，而且，这些细胞年轻，有旺盛的活力，如能加以利用，是很好的造血干细胞移植材料。1988 年，美法科学家联合报道了一项研究结果：

一位女孩患有严重的先天性贫血，医学上称为范可尼贫血。她骨髓中造血干细胞严重不足，不能维持正常的造血功能，因此，不得不靠输血维持生命。于是，她的父母为女孩又生了一个妹妹，在婴儿诞生的同时，科学家将婴儿剪下的脐带和胎盘血液回收，输入了患儿的体内。奇迹发生了。输入脐带和胎盘血后，女孩血液中红细胞数量逐渐回升。几个月后，女孩的血细胞已完全恢复正常，她的病已完全康复。

这是世界上首次报道的脐带和胎盘造血干细胞移植。它证明，利用胎盘和脐带中的造血干细胞是可行的。脐带和胎盘血的利用，为造血干细胞开辟了一个取之不尽的巨大来源。每天，全世界有成千上万个婴儿出生，脐带、胎盘只是婴儿的废弃物，从中提取造血干细胞对婴儿不会造成丝毫影响，因此很容易获得。

从移植质量来看，脐带和胎盘血也是优质的造血干细胞来源。这些细胞增殖能力强，移植后能长期稳定造血，而且，免疫反应性弱，移植后不易被排斥。当然，脐带及胎盘血移植仍然有血型相配问题，由于近亲之间相匹配的机会很高，很多移植是在同胞姐妹和同胞兄弟之间进行。

如 1988 年的首例报道，父母为了挽救重病的姐姐，孕育了妹妹，同时得到了两个健康的孩子，父母何乐而不为呢？

其实，脐带和胎盘血输注于人，在第二次世界大战期间已经开始。当时为了补充血源的不足，建立了许多脐血库，专门收集脐血及胎盘血，但那时只是用于输血，并未考虑到它的造血功能。脐带及胎盘血造血干细胞移植近年来发展很快，世界各国纷纷建立脐血库，储存脐带及胎盘血，以备选用。我国也有多家单位准备建立大型脐血库。届时，造血干细胞来源的匮乏状况将大大得到缓解。

脐血和胎盘血移植也有不足之处，因为它们的血量很少，通常只有 80~100 毫升，其中造血干细胞含量只有 1%，因此，移植只能用于幼儿。科学家们近年来正在研究对这些干细胞进行培养繁殖，使增加数量后再用于成年人。

脐血造血干细胞的应用，还带来了另一种诱人的可能性。由于脐血的收集对婴儿完全无害，如将脐血中的造血干细胞收集、冷冻，就可以在孩子成长的一生中为他保存自身的年轻干细胞，一旦今后需要移植，随时可以取出使用。而且近年来，由于干细胞研究技术突飞猛进，很可能会解决由干细胞培养为身体各种器官的难题。这样，保存的造血干细胞又可以用作培养材料，进行器官再造。

器官再造的神话

20 世纪以来，科学家们已经在生命科学领域屡屡创造奇迹。遗传密码的破译、基因工程的开展，彻底打破了亿万年来生物遗传的物种界限，使不同种类之间的基因转移成为现实；细胞培养技术，将一种细胞从动植物整体中分离出来，在培养瓶中大量繁殖；试管婴儿、代孕母亲，使不育夫妇能够生育自己的孩子;体细胞克隆技术,更是改变了高等动物必须有性生殖的历史,对生物个体进行无性复制。

现在,对于干细胞的研究,又正在创造细胞工程的"新神话"——器官再造。

长期以来,人们一直梦想能够像更换机器零件一样地更换自己的器官。一个心脏病人,虽然已经到了晚期,但如果能换上一颗健康的心脏,就又可以像正常人一样生活;肝病已经严重,换一个新的肝脏,重新恢复健康;手被车祸压碎了,换一只新的手,又重新完好如初。

如今,这些梦想将逐渐变成现实。近年来,科学家们已经进行了大量的器官再造和移植研究,取得了很大成绩。在器官移植过程中,以往存在的主要问题是移植所用的器官都是来自他人,配型合适十分困难;即便是幸运地找到了适当的供给者,手术后的排斥反应终究难以避免,很难长期存活。科学家们认识到,只有对来自自己的组织器官进行移植,才可以完全避免排斥反应,从而自由地移植。然而,由于高等动物器官、组织的再生能力很弱,不像低等动物如螃蟹断腿后可以再生一条,但人没有这样的能力,不会在疾病严重时再生一条腿或一个心脏和肝脏以供替换。但是,近年来科学家们发现,通过干细胞培养和克隆,有可能在体外重新制造出一个心脏、肝脏,或者说,克隆一个器官。

克隆器官,必须对器官的发育过程有详尽的了解,需要知道器官是如何长出来的。而且,更进一步,科学家们还必须能够控制发育过程,决定什么能生长,什么不能生长。

器官是由许许多多不同的细胞集合而成的,如肝脏,就由肝细胞、血管内皮细胞、吞噬细胞、上皮细胞等多种细胞集合而成。这种集合遵循着复杂的组织规律。简单地将多种细胞混在一起并不能形成器官。目前,科学家们先用胶原等生物大分子材料做成器官支架,再沿着支架加入干细胞培养,并加入一系列调节因子,如特殊的药物、激素等,借助于干细胞的增殖和定向分化能力,使多种细胞集合并合理搭配,形成器官。

利用这些方法,科学家们目前已经能够在培养瓶中制造出膀胱、眼角膜和胰岛,在烧伤病人的肢体上再生出新的皮肤,而且不留任何痕迹。不久前还有报道说,科学家已在小鼠背上加入生物支架和人的干细胞,利用小鼠血液提供营养,制造出了一只完美的人耳朵。

更多的器官再造正在研究之中,相信人们离自由更换器官的梦想不会太遥远了!

干细胞治疗

最近,科学家们做了一个有趣的实验:先教两只鹦鹉唱歌,等它们都学会了,然后将其中一只鹦鹉的脑中枢神经破坏,这只鹦鹉就失去了唱歌的本领。随后,他们从另外一只鹦鹉身上提取干细胞,注射进这只受损的鹦鹉脑内,这只鹦鹉又同以前一样可以唱歌了。这个实验说明,干细胞经过分化,能够修复原来受损的脑中枢神经。

脑中枢神经一直是人体最为复杂多变,最神秘莫测的结构。无数的神经细胞,也叫神经元,集结成团,相互交织,时时刻刻发出无数的生物电信号和化学信号。脑中枢神经的各种功能是以这些神经元的精确定位为基础的。

脑中枢包括许多复杂的结构,如延髓和脑桥,是最基本的"生命中枢",负责形成心跳、呼吸的基本节律。将猫的脑中枢神经在延髓下方切断,猫的呼吸运动立即停止,心跳也变得异常且无规律,但如果在脑桥上方切断,保留延髓和脑桥,则仍能维持基本的心跳、呼吸。

丘脑负责全身的体温调节。人感冒发热,就是由于丘脑的"体温调节中枢"提高了体温设定值,所以才导致全身体温升高。

小脑是全身的运动平衡中枢,小脑病变的人行走举止都将摇摆不稳,就像醉酒的人一样。

大脑负责人们的感觉、意识、思维、语言等高级机能。大脑左半球的前部有一个区域称为"语言中枢",是控制人们语言表达能力的区域。早年,曾有一位法国外科医生遇到过一个病人,他的语言中枢受损,表现为病人可以理解语言,但是不能说话。检查证明,他的喉、舌、唇、声带等都没有问题,他可以发出个别的词和哼小曲,但不能说完整的句子,也不能通过书写表达思想。

大脑皮层的两侧则与听说有关。曾有外科医生在进行脑外科手术时,用电流刺激大脑皮层的两侧。第一次刺激时病人说:"我听到了音乐"。再反复刺激同一点,病人每次都可以听到管弦乐队演奏同一乐曲。这个乐曲是他过去曾经听过的,但早已被遗忘,但现在,他却可以随着听到的音乐哼小曲。后来,他甚至还找到了这个乐曲的歌本。

大脑皮层前部的另一些区域与人的情绪、个性有关。1848 年,美国筑路工人盖革在用一根铁棍夯实小洞中的炸药时,炸药爆炸,铁棍从他的左眼下部插入并从颅顶穿出,打穿和破坏了他的大脑前部。盖革经抢救被救活,但精神状态发生了很大的变化。他变得动静无常、无礼,爱说粗话,不尊重同事,极端固执而反复不定。原来的朋友都说他变了,不再是原来的那个彬彬有礼的人了。

大脑还有许多区域分别与皮肤感觉、肢体有意识运动、视觉、嗅觉、味觉有关。有许多中风病人,由于脑血管阻塞,大脑运动中枢的一部分细胞死亡,结果造成肢体偏瘫、口角歪斜、言语不清。

神经细胞形状像一片枫叶,全身有许多角、刺,通过这些角、刺与其他神经细胞相互接触、交流信息。一个神经细胞往往与几个甚至十几个神经细胞联系,因此,当你左手指被刺痛 (感觉神经),你会收缩手指逃离(运动神经),然后用右手去抚摸(另一侧运动神经)。脑的每一项功能都是由许许多多神经细胞相互联系、共同完成的。

脑神经中枢是人体最重要的器官,是我们智慧的来源。现代医学对于人体死亡的定义正趋向于把原来定义改为脑死亡。不论心脏是否停跳,呼吸是否停止,脊髓功能是否存在,只要全脑(大脑、小脑和脑干)功能完全地、不可逆地停止,就认定这个人已经死亡。由于医疗水平的提高,可以用机械装置来维持脑死亡者的心跳和呼吸,但这些措施均属徒劳。

可见,脑对我们人类生命活动是多么重要!糟糕的是,神经细胞是一种不能再生的细胞。多年来,科学家在培养瓶中,一直不能使从成人脑中取得的神经细胞分裂繁殖。这意味着,神经细胞一旦损伤,就无法修复。出生时形成的神经细胞将伴随我们一生,一旦哪个区域的神经细胞损伤、坏死,它所执行的那一部分机能就将永远丧失。

然而,神经干细胞的发现,给人们带来了新的希望。长期以来,科学家一直认为,只有在胎儿期的脑内,才有能够分裂、增殖、形成神经细胞的细胞,即神经干细胞。为此,许多科学家曾试验用胎脑的神经干细胞移植,来修复脑损伤。但胎脑来源少,又有免疫排斥反应,实际应用十分困难。近年来,科学家发现,成人脑内其实也有神经干细胞存在,只不过它们处于静止状态,很少被激活,因此,在脑损伤中一般不能起到修复、补充的作用,但这些神经干细胞在培养瓶中被加入适当的诱导剂后,可以很好地生长、繁殖、分化。这项发现令人十分鼓舞。这说明,如果向脑内注入诱导剂,就有可能激活神经干细胞,修复脑损伤。

更令人兴奋的是,科学家最近还发现,干细胞之间可以互相转化,如神经干细胞可以转化为造血干细胞,造血干细胞也可以转化为神经干细胞。这样,科学家只要掌握了干细胞之间转化的规律,就可以利用血液、皮肤等容易取得的材料,培养出神经干细胞。

在动物试验中,研究人员发现,将培养的神经干细胞注入脊柱或充满液体的脑室,神经干细胞会自动迁移到受损的组织中,这对脑损伤的修复十分有利。目前,科学家正在积极研究利用神经干细胞治疗脑神经中枢损伤,最有可能首先应用的疾病是帕金森氏综合症、阿尔茨海默症老年退化性疾病。这些病人的脑神经细胞已经大量老化、衰退,补充大量新鲜有活力的神经干细胞,可能使病人脑功能恢复青春。

除了脑神经细胞的修复外,干细胞在其他疾病的治疗中也已初露锋芒。如科学家们已能用人的胚胎干细胞修复小鼠病变肝脏,使病鼠肝脏恢复正常;用高剂量化疗和干细胞移植相结合的方法,对患有严重红斑狼疮的病人进行治疗,可有效控制病情的发展,使患者受损的肾脏、心脏、大脑、脊髓和肺等组织恢复正常。此外,利用干细胞治疗白血病、地中海贫血等疾病的研究也正在进行中。

永葆生命之树

古往今来,多少帝王将相、仙人道士,不倦地寻找着长生不老之方。事实上又有哪一个人不希望自己青春永驻,生命之树常青呢?

近年对于细胞的研究,有可能使人们长期的幻想变为现实。

人的寿命与遗传基因有关。在培养过程中,细胞的最大传代次数与物种的寿命、个体的年龄有关。如小鼠的平均寿命为 3.5 年,其培养细胞的传代次数仅 14~28 次;龟的平均寿命达 175 岁,其培养细胞的传代次数也可达 90~125 次;新生婴儿肺部成纤维细胞的传代次数为 50 次,而从成人肺部得到的同一种细胞只能传代 20 次,70 岁老人的同样细胞传代仅为 2~4 次。

科学家发现,在不同年龄的细胞中,其遗传物质染色体的末端,有一种称为端粒的结构的长度各不相同。端粒长度随年龄增长而缩短。很可能细胞的老化,就是由于在细胞的一次次分裂增殖后,因端粒逐渐缩短所造成。等到端粒缩短达到一定限度,细胞就会衰老死亡。

干细胞是体内衰老较慢的细胞,而且能增殖分化,是产生分化细胞的源泉。科学家设想,在婴幼儿时期就抽取人的干细胞冷冻保存,使细胞暂时停止运转。这样,当他进入老年的时候,仍有一部分干细胞处于婴幼儿时期。把这些干细胞大量培养增殖,再输入体内,由这些干细胞发育分化所形成的组织、器官,就可能保持年轻的状态。

在小鼠身上,科学家已经进行了这样的试验,即先用大量的放射线把老年小鼠的免疫干细胞完全毁灭,再将含免疫干细胞的年轻小鼠的骨髓和胸腺移植进去,结果,老年小鼠生成了完全年轻的免疫系统,具有如年轻鼠一样强大的免疫功能。

青春常在,也许真的将变为现实!

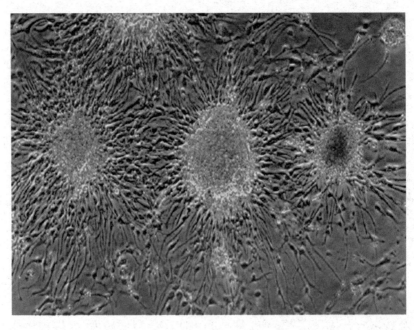

干细胞分化发育

在阿拉伯神话《天方夜谭》中,阿里巴巴用"芝麻开门"的咒语,打开了强盗的藏宝库。要解开逐级进行的干细胞分化发育的奥秘,就像打开强盗的藏宝库一样,需要一道道神秘的"咒语"。这些"咒语"是多层次的,涉及局部与整体之间、细胞与细胞之间,以及细胞内部各个基因之间的复杂调节关系。

干细胞在一步步进行的分化发育中,功能之所以越来越专门化,是由于细胞内基因出现了定向的差异性表达的缘故。

同一个人的细胞,不论是来自肌肉、血液还是皮肤,基因是完全一样的,但每一个细胞只是表达了全部基因的一小部分。不同组织细胞之间的差别,在于它们选择了不同的基因进行表达,如红细胞生成血红蛋白的基因活动非常活跃,所以细胞内大量合成红色的血红蛋白;胰腺 P 细胞大量表达胰岛素基因,所以能合成胰岛素。虽然这两种细胞都具有全部的遗传物质,但只有红细胞才表达血红蛋白,而 p 细胞只表达胰岛素。不同细胞的差别,就由此而来。干细胞在发育分化过程中,产生了许多基因调控蛋白,控制基因表达,向不同方向发展的细胞,会有不同的基因调控蛋白,因此,细胞表现出来的性状、行为也各不相同。

发育过程中,相邻细胞相互之间也有重要影响。科学家做过一个有趣的胚胎学实验:将蛙卵培养至早期胚胎,前部两侧会出现膨起,称为视泡。正常情况下,视泡部位的细胞以后应发育成蛙眼。科学家将视泡部位的细胞切下,移植到尾部,继续培养,尾部与视泡接触的细胞,本应该发育成尾巴的,现在却变成了晶状体,即一种眼的组织。科学家认为,这说明视泡部位的细胞可能发出了某些信号,诱使与它接触的细胞发育成为眼。

发育过程中,整体与局部也有复杂的相互作用,典型的例子是蝌蚪的变态。蝌蚪发育成熟、生成青蛙的过程,由颈部的甲状腺控制。蝌蚪生长发育到一定阶段,甲状腺大量分泌激素即甲状腺素。在甲状腺素影响下,尾部的细胞萎缩退化,而肢芽部位细胞生长,直到生成四肢;同时,肺、皮肤也发生相应变化。如果人工切除蝌蚪的甲状腺,就会生成巨型蝌蚪(变态停止);而给蝌蚪饲喂甲状腺素片,将促进变态过程,生成体形很小的青蛙。

个体的发育过程,正是由于无数细胞在一定的空间、位置,于不同的时间中相互作用的过程。目前,科学家们正在努力破译众多的发育"咒语"。一旦人们充分地理解和掌握了这些"咒语",就可能利用干细胞,随心所欲地培养出各种器官、组织,为医学服务。干细胞和癌细胞不同之处,显微镜下看到的它们的形态结构经常难以区分,细胞表面的一些标志物也很类似。更重要的是,两者都有旺盛的生长繁殖能力。两者所不同的是,由干细胞生长、繁殖、分化生成具有专门技能的终端分化细胞的整个过程,是一条单行道,科学家常常把这一过程比喻为关闭一道道基因"闸门"。基因"闸门"一旦关闭,就难以再次打开。但在癌细胞,已经关闭的闸门却又重新打开了,细胞似乎退回到了原先的状态,或者说,似乎是返老还童了。那么,是什么原因开启了封闭的"闸门"?

在基因水平上,科学家找到了原因。细胞生长、增殖和分化都有专门的基因负责,这些基因上有专门的位点接受各种调节信号。当细胞完成生长、繁殖任务后,调节位点会收到信号,将生长、繁殖的基因"闸门"

关闭,开始进入分化。而癌细胞基因的调节位点却发生了变化,它被丢失了或者失去了功能,因此,它们不再能关闭基因的"闸门",于是细胞只能不断地生长、繁殖。能够造成基因调节位点改变的因素很多,科学家已经发现了上千种致癌化学物质,另外还包括各种放射线和一些病毒、细菌。在漫长的一生中,人们常常会接触到各种致癌物,其中的一些人就会发生肿瘤。

变害为利,在单克隆抗体的制造过程中,科学家恰恰是利用了癌细胞这种永不停顿地生长、繁殖的特性,大量地制造和生产抗体。

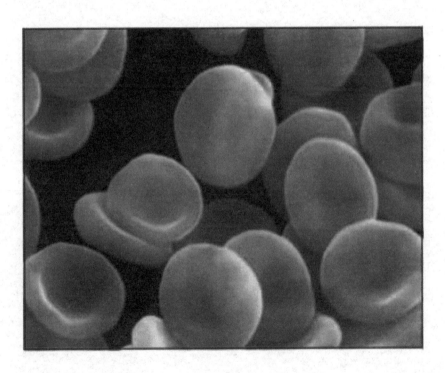

明星杂交瘤

单克隆抗体技术是 1975 年由科勒和米尔斯汀发明的。由于单克隆抗体在识别生物大分子中的高度特异性，这项技术问世后很快风靡全球。今天，生物医学的各个领域的研究工作，已经离不开单抗；单抗在疾病的诊断和治疗方面的作用也已经为人们所熟知。这两位发明者为此获得了 1984 年的诺贝尔医学或生理学奖。

单克隆抗体制备的技术有两个要点：一是需将骨髓瘤细胞和脾细胞融合后，形成存活的杂交细胞；二是从存活的杂种细胞中筛选出分泌相应抗体的阳性细胞并形成单个克隆。由于正常的细胞在体外培养基

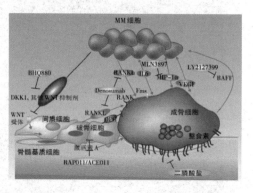

中不能永远生长，传代到一定次数后就会衰老、死亡，这个现象称为 Haynick 界限。抗体形成细胞被诱导产生特异性抗体后，在体外并不能长期培养，因此，难以大量扩增，而肿瘤细胞内部由于发生了异常变化，失去了正常的寿命控制，所以它们不受 Haynick 界限限制，能够在体外永久生长。科勒和米尔斯汀巧妙地利用了细胞融合技术，把正常细胞和肿瘤细胞的特点结合起来，有效地解决了这个问题。

骨髓瘤细胞是一种由正常抗体形成细胞转化而来的肿瘤细胞，它

仍保留了抗体形成细胞的很多特性,但正如其他肿瘤细胞一样,在获得无限制增殖特性的同时,它也失去了分泌抗体的能力。脾脏是 B 细胞聚集的重要场所,抗原进入体内后,脾内会出现明显的免疫应答反应。科勒和米尔斯汀选择抗原刺激后的脾细胞作为 B 细胞来源,与骨髓瘤细胞融合,这样形成的杂交瘤细胞就兼有了两者的优点——既能产生特异性抗体,又能永久生长。

细胞融合是使两个细胞合二为一的操作,通常是用化学试剂、电流或病毒造成细胞膜一定程度的损伤,使细胞易于相互粘连而融合在一起。理想的融合效果即使细胞损伤小,又融合频率高。在单克隆抗体制备中,一般都是采用聚乙二醇作为融合剂。为了减少细胞损伤,增加融合后的存活率,聚乙二醇的加入时间和加入浓度需要严格控制。

在脾细胞和骨髓瘤细胞之间的融合,是随机发生的。融合会发生在脾细胞和脾细胞之间、骨髓瘤细胞和骨髓瘤细胞之间、骨髓瘤细胞和脾细胞之间;融合细胞可以是两两融合,也可以是多个细胞相融合,形成所谓的多聚融合体;同时,还会有未融合的脾细胞、未融合的瘤细胞等存在。这个问题必须得到妥善解决。怎么解决呢?原来,单独的脾细胞由于寿命限制,数天后即会死亡,多聚融合体也会死去,能存活的是瘤细胞与脾细胞融合体、瘤细胞与瘤细胞融合体以及未融合的瘤细胞。这样,还需要把其中后二类细胞进行筛选去除。科学家采用选择性培养基来解决筛选问题,即在培养基中加入特殊成分,使需要的细胞存活,而其他细胞死亡。在单克隆抗体制备中使用的选择性培养基称为 HAT 培养基,其中有三种关键成分:氨甲喋呤、次黄嘌呤和胸腺嘧啶核苷。

由于 DNA 合成是细胞分裂增殖的必须环节,一个细胞如果不能合成 DNA,就不能分裂增殖。细胞融合中使用的骨髓瘤细胞是特殊选择的代谢缺陷型细胞株,其 DNA 合成途径与正常的细胞不同。正常细胞

DNA合成有两条途径:主途径是先由糖和氨基酸合成核苷酸,进而再合成DNA,叶酸作为重要的辅酶参与这一合成途径,HAT培养基中的氨甲喋呤能阻断这条途径。另一条DNA合成途径称为补救途径,在主途径被阻断情况下替代使用,在此黄嘌呤和胸腺嘧啶核苷存在下,也可经次黄嘌呤磷酸核糖转化酶和胸腺嘧啶核苷激酶催化合成DNA。代谢缺陷的骨髓瘤细胞只有主途径而没有补救途径,因此,在普通培养基中能够存活,但在HAT选择培养基中则会死亡。

经过HAT选择培养基选择,未融合的瘤细胞和瘤细胞—瘤细胞融合体由于没有DNA合成的补救途径都会死亡,只有脾细胞—瘤细胞融合体(杂交细胞),由于获得了正常细胞的补救途径能够继续生存和分裂增殖,从而被筛选出来。

在用杂交细胞免疫动物时,杂交细胞中还会含有相当多的无关细胞融合体,所以在动物免疫中,应选用高纯度抗原。但高纯度抗原仍有多个抗原决定簇,一个动物在受到抗原刺激后产生的体液免疫应答,其实质是众多B细胞针对各个抗原决定簇的抗体分泌,其中,针对目标抗原决定簇的B细胞只占很少数。这部分细胞的筛选,科学家采用了有限稀释和抗原特异性检测的方法。有限稀释是将杂交细胞充分稀释,然后分别加入培养基中,使分配到培养板每一个孔的细胞数仅为0~1个,培养后吸取上清液,用酶联免疫的方法进行检测,只有分泌高滴度目标抗原决定簇抗体的细胞才能被留用。每个细胞扩增形成的群体(称为克隆化)即每一个克隆,就可以用来产生一种单克隆抗体。

大量生产单克隆抗体的方法有两种:一种是将上述细胞克隆接种到动物体腔如常用的小鼠腹腔内,细胞就会种植于腹腔,形成杂交细胞瘤。瘤可分泌大量抗体,并刺激小鼠产生大量腹水。定期将腹水抽出,并加以分离提取,就可以得到大量单克隆抗体。另一种方法是把细胞克隆在体外培养基中大量扩增，细胞会分泌抗体进入培养液，定期收集培养液，也可以分离提取大量单克隆抗体。

更有趣的是，近来科学家还发明了利用植物来生产单克隆抗体的方法。这种方法是将抗体基因重组到植物细胞，利用植物细胞来表达针对特定抗原的抗体蛋白。植物细胞具有发育的全能性。即单个植物细胞可以培育成整棵植株。这样的植株大量种植，形成的是单克隆植物。这样，人们将有可能像种植青菜、水稻、小麦那样，大面积地种植和收获单克隆抗体，其成本将远远低于目前所用的细胞培养和定位接种。据估计，利用植物细胞生产的单抗成本，每克大约仅为每克几美元，远远低于目前其他方法所用的每克 200~1000 美元。在安全性上，植物单抗也更有优势。杂交瘤细胞由正常细胞与肿瘤细胞融合而成，转基因单抗所用的细菌和噬菌体也会对人体有一定毒害，而常用植物却对人体安全无害。植物单抗既经济又安全，是近年发展的新型制备方法，目前仍处于实验研究阶段，尚未进入实际应用。但它具有的强大潜力，可能会引发制药业一场新的革命。

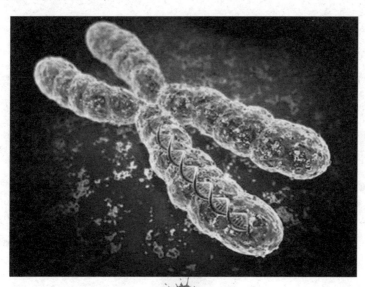

试管婴儿

　　爱情是最令人心醉最甜蜜的感情。自古以来,在人类历史滚滚向前的红尘中,爱情故事永不褪色。

　　就如美丽的鲜花绽放后渴望着结出硕果,当一对恋人幸福地结合后,总盼望着爱情结晶的诞生。生儿育女不仅是美满家庭不可缺少的一部分,更是人类延续的需要。但是,有少数的夫妇却因生育困难,心生万般遗憾,甚至相互埋怨,造成家庭不和。然而,传统的求医问药、求神拜佛,大多无济于事。

　　终于,现代生物和医学技术给不孕夫妇带来了福音,犹如送子观音降临人间。

　　1978年7月25日,英国爱德华医院的研究小组,在付出多年的心血后,终于成功地使世界第一例试管婴儿露易斯·布朗降临人间。露易斯的呱呱之声,犹如一声号角,鼓舞人们向揭开人类生殖秘密的高峰冲刺。她的诞生,不仅给不孕妇女带来了福音,而且深刻地揭示了人类生育过程中的某些奥秘,谱写了人类控制、调节生育的新篇章。

　　简言之,试管婴儿就是把精子和卵子从人体中取出来,放到特制的圆球形玻璃试管中,使精子和卵子在那里相遇、受精,再经过几天的培养,发育成胚胎,然后将胚胎移植至母体或其他女性子宫内继续发育成长,使其在体内发育成个体,直至分娩而产生的婴儿。20多年来,试管婴儿已在世界许多地方诞生。据估计,全世界健康存活的试管婴儿已近10

万人。1993 年 3 月 10 日,在北京诞生了我国第一个试管婴儿,几乎同时,长沙试管婴儿也获成功。随后,全国绝大多数省(市)也相继在试管中诞生了数百个小宝宝。

根据试管婴儿技术的发展,人们把目前的试管婴儿技术分为三代。第一代试管婴儿技术是将健康成长的精子与女方的卵子通过体外受精方式,在试管中形成受精卵,并培养成胚胎,再将胚胎移植到子宫中。这种方式只适用部分不孕症的患者。

如果遇上男方精液不正常甚至"无精子",医生可以采用第二代试管婴儿技术,即通过附睾穿刺抽取精子或睾丸组织活检取精子的方法获得精子,再经单精子显微注射技术,在卵母细胞上用微细的针把单个精子强制地注射入胞浆内而达到受精。这对于精子少或弱,甚至是因为输精管结扎、阻塞,抑或是先天性无输精管而引起的无精症者,都是一个福音。

第一、二代试管婴儿技术只在受精的环节上做文章,而第三代的试管婴儿则在胚胎质量上花工夫。目前,一种称为"植入前胚胎遗传学诊断"技术正在推广应用。当胚胎在体外发育至 4~8 细胞阶段时,先取出1~2 个卵裂球细胞进行遗传学分析,再将无致病基因的胚胎移植至官腔内种植,以避免有遗传病或代谢病后代的出生。植入前诊断可以排除将带有隐患的胚胎移植进入子宫,从而使生育的筛选诊断,从妊娠期一举推前到移植胚胎前,实现了积极的健康生育。最具有光明前景的是,它可以对有缺陷的或者有隐患的胚胎进行基因治疗。

随着人造子宫的研制成功,试管婴儿技术将更趋成熟,为人类生育提供更广阔的选择。

然而,正如每一枚硬币总有正反两面,试管婴儿给不孕夫妇带来幸福的同时,引起的伦理和法律问题又使人们为之争论不休。因为除了夫妻间的同源人工授精外,试管婴儿也可以由夫妻以外的人提供精子和卵子即非同源受精产出。目前,几乎所有非同源受精的试管婴儿在正常情况下,都不可能知道自己的真正父亲或者母亲,因为精子或卵子捐献者的相关情况都是保密的。然而,美英政府即将公布的一部新法律,准备允许公开精子或卵子捐献者的情况,使试管婴儿长大成人后可以寻找他们遗传学上的"真正父母"! 这个消息一经传出,社会学界和法学界一片哗然。

曾经有这样一个故事:不久前的一天,39 岁的钢琴教师大卫·罗斯突然接到了一个奇怪的电话,对方说有一对龙凤双胞胎孩子想见罗斯。这两个孩子正是罗斯的"亲生子"! 事情还得从头说起。当罗斯还是个大学生的时候,他为一个妇女捐献了精子,这个妇女怀孕后生下了这对双胞胎。姐弟俩现在已经 14 岁了,想与"亲父亲"见一面。罗斯听后又惊又恼,但一看到这两个孩子的照片,他的心就软了,小女孩儿林赛长得极像罗斯刚死去不久的母亲,而小男孩儿杰里米整个就是一个小罗斯! 罗斯征得孩子的母亲贝基·佩克同意后,与他们见了面。值得庆幸的是,两方家庭相处得很好,并一直保持联系和定期会面。

但并不是所有故事的结局都是令人愉快的。

珍妮·西蒙斯常常困惑她的父亲为什么老是对她那么冷淡,直到 20 来岁,她才找到了原因。原来,西蒙斯是英国最早通过捐献精子怀孕生下的孩子之一。她名义上的父亲之所以多年来一直排斥她,与其说她有什么错,倒不如说她的存在,让她的父亲时时感到不育的耻辱。西蒙斯来到那个帮她母亲怀孕的医院。医院的人向她透露,在早期的人工授精手术中,医生通常是用自己的精子。后来,西蒙斯把目标定在这家医院的负责人身上,就是他当年为她母亲做的手术。可要证实这一点也不容易,因为这位医生已经不在人世了。在医生女儿的协助下,他们通过DNA 检查,证实西蒙斯与医生的女儿有着相同的遗传基因。西蒙斯成为英国第一位找到亲生父亲的人工授精孩子。

在西蒙斯发现了真正的父亲后的两年里，她们一家一直处在一种不自在的状态，到现在也没调整过来。她认为她的父母对她的来历保密，实在是一个失误，不但破坏了家庭关系，而且也使西蒙斯有一种深深的不安全感。

专家们对此问题持有不同意见。心理学研究发现，人工授精的孩子往往有心理方面的困扰。他们对于自己的不像父母亲的问题感到迷惑不解。另外，这也使做父亲的承受着很大的压力和痛苦，如果把真相告诉别人，他们会感到自尊心受到严重损害。秘密就像一颗定时炸弹，给家人带来压力，甚至造成家庭关系的紧张。当然，这也涉及到人权问题，因为任何一个孩子都有知道自己亲生父母是谁的权利，所以是否应该保持秘密，也引起了争议。

早在1991年，美国政府就迈出了第一步，要求进行人工授精手术的医院征集有关精子捐献者的资料，以便等孩子长大后交给他们。美国有一项规定，任何一个年满18岁的公民都可以打电话给"人类授精与胚胎学管理机构"，询问自己身世的真相，政府承诺可以告诉他们答案。英国政府也正在考虑取消为捐献精子者保密的法律。

目前只有10%的家庭能够把秘密告诉孩子，而其他家庭则因为他们不愿意节外生枝。大多数进行人工授精手术的医院也不同意将捐献精子者的情况公开，他们担心这样做，会使捐赠者的人数下降。事实上，这种担心不无道理。80年代，瑞典取消了为捐赠精子者保密的法律，结果自愿捐献精子的人数急剧下降，出现了精源不足的状况。

总而言之，试管婴儿技术毕竟利大于弊，只要得到严格的管理和相应的法律保证，必将使更多的人认同这样一句话：生命的诞生是一种偶然，让每一个生命都沐浴着爱的阳光吧！

人工授精

近年来,借腹生子的报道常见诸新闻媒体,成为一个热门话题。

那么,借腹生子究竟是指什么呢?其实这项奇特技术的实质就是代孕,其关键步骤是胚胎非同源移植。借腹生子起初多用于畜牧业中优良家畜的快速繁殖。由于牛、羊等一年仅产一胎,所以对于优质品种家畜来说,如何在短时间内大量繁殖,迅速推广应用,这是畜牧业长期难以解决的问题之一。现在,随着生物技术的迅速发展,应运而生的人工授精和胚胎移植技术使这一难题迎刃而解。

代孕就是将受精卵发育成的胚胎,重新移植到另外一个母性动物的子宫内,使其妊娠产子,这也就是人们所说的"人工妊娠"或"借腹怀胎"。在畜牧克隆工程上,人工授精和胚胎非同源移植,一般是联合使用的。

作为人工授精,首先要解决的是精子的保存。牛的精子一般都可以在-196℃冻存。现在短期保存精子的技术已经相当发达,并得到广泛应用。精子保存的最大优点是在繁殖时,可以尽量扩大对优良种畜的利用,容易向全国乃至全世界输送期望的遗传种质。另外,在使用之前,还能够对保存的精子进行检查,判断其有无疾病。所以,世界上许多国家纷纷建立了各种家畜的精子库。

作为人工授精的第二步自然就是进行人工授精。所谓进行人工授精,就是把雄性动物的精子注入雌性动物的子宫内。这是传播家畜、家禽有益遗传性状的有力手段。实际上,对各种家畜和家禽,虽然都可以进行人工授精,但是由于种类不同,利用率也有很大差别。例如,美国的火鸡 100%都是利用人工授精生产的,但人工授精的肉牛还不足 5%。广泛利用人工授精传播良种雄畜的遗传性状,不仅可以节约饲养雄畜的费用,而且只需要输入精子,即能得到雄性动物的优良性状,对防止传

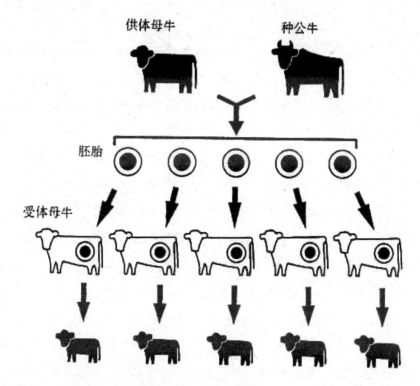

供体母牛　　　　种公牛

胚胎

受体母牛

染病疫在动物之间的传播也是十分有利的。

　　人工授精完毕后,下一步就是胚胎移植了。胚胎移植首先要从动物子宫中取出胚胎或者受精卵,这个过程可以通过组合诱发排卵、人工授精及采胚等技术,从性成熟之前尚未生产过的幼牛体内采胚来完成。这样不仅能提高生殖能力,而且还可能从输卵管及子宫受到损伤的那些不能生产仔畜的雌畜回收胚,增加仔畜的生产。由于使用手术的方法采

卵容易损伤组织，所以，牛、马等只产一个卵的牲畜，需要用非外科手术的方法采卵。

采胚完毕后，就需要进行胚胎移植了。胚胎移植是将胚胎移植到其他母体的输卵管或子宫中。它可以用外科手术和非外科手术两种方法，但后者的成功率比较低。胚胎移植后，再经过"十月怀胎"，小生命就诞生了。

运用代孕这种技术可以使本来不会怀孕的母畜产子，或者增加优良母畜的产子数，并可在一些实验动物中引进新基因。令人兴奋的是，通过"代理母亲"，一头良种的奶牛，一年能让其他的牛"代劳"怀胎，产下 30~40 头自己的儿女，轻松地"牛丁兴旺"起来。因此，胚胎移植在经济价值较高的动物中得到了广泛应用。在美国，有 60%~70% 的优质奶牛是通过"借腹怀胎"生育的。优质奶牛的快速繁殖，可使牧场的牛奶产量大增，具有明显的经济效益。尤为神奇的是，科学家们设想，如果让异种动物来当"代理母亲"，那么很多珍稀濒危动物的人工繁殖速度将大大加快。熊猫是我国的国宝，形态憨厚可掬，深受世界人民的喜爱，但是熊猫的生育能力较差。如果请生育能力强的棕熊来做"代理母亲"，替慵懒的熊猫生产儿女，也许能使熊猫家族很快兴旺起来。

与动物的借腹怀胎技术相比较，人类的借腹怀胎研究与应用虽起步较晚，但发展迅猛，近年来也已开始进入临床应用阶段。目前，人类的借腹怀胎或称胚胎移植方法，是在供体和受体妇女排卵周期同步的情况下进行的，转移的对象多为受精卵或早期胚胎。这些受精卵或早期胚胎在受体妇女体内孕育，直至分娩。人类的借腹生子，一方面为人类生育史填写了新篇章，为失去生育能力的妇女圆了做母亲的梦，另一方面，也使母亲的传统概念发生了彻底的改变，并由此引发了一系列的社会问题。

2001年，日本长野县一名妇产科医生成功地创造了日本第一位"代理母亲"。他将"代理母亲"的姐姐与姐夫的卵子和精子取出进行体外授精，然后将受精卵植入妹妹的子宫，由妹妹替摘除了子宫的姐姐完成了生育过程。这一事件在日本引发了一场争论。据报道，这位名叫根津八的医生说，他是去年受两姐妹的委托，开始实施这项计划的，而且这项计划也得到了两位丈夫的同意。

迄今为止，日本虽然尚未出台禁止"代理母亲"行为的法律，但日本厚生科学审议会出台了一份禁止"代理母亲"行为的报告，并决定在3年内立法。报告称，"代理母亲"行为有诸多不利因素，首先是不能保证生命安全。报告认为，妇女在长达10个月的妊娠期间，有可能发生各种威胁生命安全的事情，倘若在怀他人胎儿之际发生不测，处理时会极其复杂。其次是"代理母亲"有违伦理常规，有可能使妇女沦为生育工具。另外，报告还认为，"代理母亲"使孩子的家庭环境复杂化，容易引发亲子争议，动摇亲子关系，不能保证孩子的幸福成长。

随着我国卫生部《人类辅助生殖技术管理办法》和《人类精子库管理办法》的颁布，代孕母亲、"借腹生子"的问题在我国也引起了人们的广泛关注。卫生部解释了法规出台的两个原因：首先，在实施人类辅助生殖技术中出现了一些问题如出于利益驱动，有些不符合条件的机构擅自开展人工授精试管婴儿等技术。另外，在技术应用过程中也有许多行为不相合规范或不合理，如精子来源混乱，对供精者提供的精子不做任何健康筛查就直接用于人工授精，这显然容易造成像乙肝、性病、艾滋病等传染病和血友病等遗传病的扩散。其二，精子库设施混乱，采集精子不规范。目前以商业为目的的地下精子库非常盛行，有些甚至严重误导患者，比如名人精子库、博士精子库、男性模特精子库等等。难道名人的儿子就一定是名人，模特的儿女就一定会漂亮吗？这些行为都直接影响到国家的人口素质。基于这些考虑,卫生部出台了这两项行业性法规,认为只要不是出于人道主义,而是以商业为目的的辅助生育行为,都应该禁止。作出这种禁令,是不会伤害大多数人的利益的。我国目前约有 100 家大大小小的生育中心,但能确保质量的很少。不孕症在世界上的发病率普遍较低,约在 8% 左右,所以禁止代孕,不仅不会伤害大多数人的利益,而且可以杜绝很多与此伴生的伦理问题。紧随其后,2001年 8 月 1 日,我国卫生部正式颁布了禁止借腹怀胎技术在人类中应用的法令。

目前英国和法国也都明文规定禁止"代理母亲"行为。美国一些地区虽然允许"借腹生子",但 1986 年曾因此引发过一场官司。当时,一位"代理母亲"在生育过程中产生母爱,生下孩子后不愿将孩子交给委托方。如果有个母亲为女儿代孕,孩子出生后,母亲与女儿争夺孩子的归属权,这孩子到底是女儿的孩子还是女儿的妹妹?如果生下的孩子有残疾,孩子该归属于哪个母亲?这些问题都是非常难以解决的。

尽管如此,还是有人认为"代理母亲"可帮助希望养育孩子的夫妇实现梦想,是一善举,不应该禁止。看来两种意见的争执一时难以定论。如果将来有一天,我们有了相应的法律,有了良好的市场运作秩序,我们也许会重新允许代孕技术的实施。

胚胎冬眠

把人的胚胎在超低温下冷冻起来，进入冬眠状态，需要时再让其"复活"，这不再是科幻小说中的情节。新的受精卵冷冻技术，目前正应用到试管婴儿培育中。我国也已攻克了胚胎冷冻技术这一国际性疑难课题。

由于过去的试管婴儿技术较为落后，采卵时一般要采 10 个左右的卵子而只使用两三个，如果不成功还要重新采卵，这就增加了病人的痛苦和经济负担。有了胚胎冷冻技术就不同了。在征得病员同意的情况下，第一次采卵后可将体外人工授精或胚胎移植后的多余胚胎冷冻保存起来，若第一次手术不成功或受孕后发现胎儿异常，冷冻胚胎即可派上用场。

随着现代生活节奏的加快，年轻时工作忙没时间生孩子，年纪大了却会遇到生育上的种种困难，这种矛盾在工作繁忙的职业妇女身上越来越多见，而胚胎冷冻技术可以解决这一问题。现在，夫妇们可以在双方身体状况最好的时候，将他们的精子和卵子取出进行体外受精，再把得到的胚胎储存起来，在他们需要的时候进行移植受孕。也就是说，胚胎冷冻技术已不只限于不孕症夫妇，而适用于任何一对育龄夫妇。

从健康生育的角度上看，这种相当于"胚胎保险箱"的技术很值得推广。因为决定女性随着年龄的增长是否能生育的主要问题，不在于分娩能力，而在于是否能够成功受孕。根据多年的不孕症研究发现，卵巢功能会随年龄增长逐渐衰退,不但受孕困难,即使孩子顺利出生,也会影响健康状况。女性不孕患者年龄大都在 31 岁以上,其中有的人是因为年龄太大,使卵巢无法正常排卵而导致了不孕。女性 29 岁以前不孕率为 10%以下,而 30 岁以后则上升至 15%以上。有数据称,女性过了 35 岁,卵巢功能会下降一半。更为严重的是,高龄妇女的卵子染色体畸变的概率,是随着年龄的增加而增加的。因此,对一些因工作压力暂时不想要孩子的夫妇,可以选择胚胎冷冻技术先将胚胎"储存"起来,既不误工作学习,又不误生育大事。

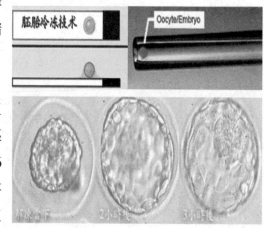

胚胎冷冻技术并不复杂,它就是将夫妇俩人的胚胎放入温度为摄氏零下 196 度(–196℃)的液氮罐内保存起来,在需要的时候将其复苏,再植入人体内孕育分娩。这种技术国外最早在 1983 年就出现了,现在已较为成熟。冷冻胚胎的复苏率已相当高,冷冻时间从理论上讲,可以长达百年。根据国外文献资料报道,运用这项技术孕育的多位宝宝与正常生育的孩子相比,无健康差异。因此,该项生殖技术可让你"随心所欲"地把宝宝存起来,想生的时候就生。

成都青白江的高女士是这一技术的受益者。33 岁的高女士由于输卵管堵塞,一直未能怀孕。1999 年 9 月,她做了第一代试管婴儿手术,但遗憾的是手术失败。不愿放弃做妈妈愿望的高女士,第二年 5 月再次来到成都市计划生育指导所,终于在医生的帮助下,用自己的冷冻胚胎成功受孕。经检查,胎儿发育正常。

鉴于冷冻胚胎是一项高科技,又是一项敏感的课题,因而在实施过程中需持严谨的科学态度和严格依据国家现行的法律法规进行。接受这项业务的人员必须是法律认可的育龄夫妇。每对冷冻胚胎夫妇都要建立详细档案,并为做冷冻胚胎的夫妇严格保密。

但是,胚胎冷冻技术不同于精子冷冻,胚胎在冷冻过程中往往容易结晶或破碎。自第一次人类胚胎冷冻成功并获妊娠,至今虽已有十多年的历史,但探求人类胚胎冷冻保存的影响因素,仍一直是该领域的重要课题之一。影响人类胚胎冷冻保存结果的因素众多,主要有胚胎的质量和分裂阶段、母体年龄及移植时机,以及冷冻保护剂和冷冻复苏程序等几方面,其中,尤以胚胎质量及母体年龄起重要作用。在多种冷冻方法中,现较多采用慢速冷冻、快速解冻方法,但其他方法也各有优势。蔗糖等非渗透性保护剂和渗透性保护剂联合使用,常取得较好效果。胚胎质量、分裂阶段、移植数目等也影响最终结果。随着其他技术如辅助孵化等的不断成熟,冷冻复苏胚胎的妊娠率和植入率已进一步提高。但是,母体年龄及选择最佳的胚胎移植时机是决定冻融胚胎能否发生妊娠的最后关键因素。

随着胚胎冷冻技术的不断完善,"胚胎托管"将帮助更多的人实现一个美好的愿望,让生命去等候。养出兰花试管苗,形成了兰花工业。昔日深藏幽谷的兰花,今天已进入寻常百姓家,成为美化生活环境的佳品。

在生物技术被广泛应用于生产实践的今天,人们希望更完美地解释自然界的生物多样性,并创造一个更加丰富多彩的世界。探索、运用植物细胞全能性,不仅可以帮助人们大量地繁殖名花异草和优良果蔬,而且还可以通过筛选的细胞,进行体细胞培养,获得再生变异植株,缩短育种周期,这无疑具有不可限量的前景。

试管苗实验

　　走进植物组织培养实验室，首先映入眼帘的就是那一排排长在试管中娇小玲珑、翠绿欲滴的试管植物了。与一般生长在地里的植物不同，这些种在玻璃管里的植物，是由植物的叶片、根或茎段繁殖出来的。由一粒种子播种后长成一棵植物，再开花结实，这是植物生长发育过程中很普遍的现象。但要从植物的一小块叶或一小段茎，让它变成为一棵植物，那就要复杂得多，只有通过人工培养，才能得以实现。这种将植物的一部分经消毒灭菌后放在玻璃瓶(试管)内的培养基上培养，使它重新形成新植株的方法，称之为植物组织培养，目前也是植物细胞工程中用于快速繁殖最为有效的技术之一。由于这个培养过程一般都是在玻璃试管中进行的，因而由此而得的小苗通常被人们称为"试管苗"。

　　试管苗的生长，需要一种特殊的植物培养技术——快速繁殖技术。由于花卉的经济价值高，这种技术开始时主要应用于花卉生产，随着应用范围的不断拓展，现已逐渐被应用于蔬菜、果树等其他园艺作物，近年来又延伸到对造林树种的改良。完全用于商品化大规模生产的种类，其中包括用于切花生产的香石竹、唐菖蒲、非洲菊、花烛、百合、菊花等，还有兰花、非洲紫罗兰、大岩桐、杜鹃以及某些蕨类植物和观叶植物；对草莓、芦笋、香蕉、桉树等植物，目前已在使用这种技术大量生产苗木。

　　那么，千姿百态、个性迥异的植物，在试管中又是如何成长的呢?科学家们经过长期的探索发现，不同的植物试管苗的生长要求和过程不

尽相同,但总的说来,试管苗的生长一般都要经历以下几个共同的培养途径:

首先要选择合适的外植体,这是试管苗培养的第一步,也是最重要的一步。外植体是指用于试管苗培养的起始材料,它们可以是植物的叶、茎、根、果实、种子、花粉等组织中的任何一部分。不同的植物可使用不同的外植体,而在自然条件下,应优先考虑从能产生不定芽的器官中选择外植体,比如芽尖、嫩茎段、嫩叶、花粉、幼胚、种子等。因为越是幼嫩的细胞,它的生活力就越强,可塑性也越大,较容易适应新的生活环境。

接下来,所有的工作都必须在无菌条件下操作,这是整个组织培养成败的关键。无菌操作的第一步是要对外植体进行消毒,这一步直接关系到试管苗能否健康地成长。因为来源于自然界的外植体,一般都带有各种各样的细菌和霉菌,不消灭它们,它们就会大量繁殖,浸染植物细胞导致其死亡。因此,消毒工作需要格外严格,一般用 15% 的次氯酸钠浸泡 10~20 分钟,以杀死细菌和霉菌。

然后,将外植体接种在合适的培养基上。不同植物,乃至不同的外植体,它们的需求各不相同,因此科学家们要找出它们最需要的营养组合,尽可能地满足植物细胞生长的需要。配制培养基,这可是一件十分艰苦的工作,因为我们还无法与植物细胞直接沟通,只能通过看它们的"脸色"来判断"饭菜"是否合胃口。令人头痛的是,一旦植物细胞"脸色"变暗发灰了,再换一种口味,它们往往已经翻脸不认人了。所以,对于初次进行培养的"陌生客",科研工作者只能同时备上或甜或咸或清淡或浓烈的各种"美味佳肴",而且,必须经过高温高压的灭菌,彻底杀死培养基中的各种微生物,从中挑选最佳组合的培养基来宴请这位"陌生的客人"。

挑选和配制培养基是一项复杂而讲究的精细活，至今还没有一种"拳头"培养基，能同时满足各种植物细胞的需求。

然而，万变不离其宗，植物细胞培养基的成分虽然很多，但归纳起来，可分为无机盐、有机化合物和植物激素等几大类。无机盐包括氮、钾、磷、钙、铁等；有机化合物又可分为维生素、氨基酸、糖，以及天然营养物如香蕉汁、椰子汁、马铃薯汁等。这两大类物质提供了植物细胞组织的生长和增殖所需的全部营养。而不同种类的植物激素及其浓度的选择，则对植物细胞的"前程"起着决定性的作用。在合适的生长激素作用下，外植体细胞将实现脱胎换骨的变化，从已分化的茎、叶或其他组织中的样子，摇身一变成为一张新的面孔——形态均一、生长迅速的细胞，再也分辨不出它们的前身究竟是叶细胞还是根细胞。这些细胞各自通过分裂自身，形成细胞团。这样的细胞团再扩增后，就形成了植物专有的愈伤组织。愈伤组织可以无限扩增，其相当部分细胞仍处于未分化状态，在这一点上，愈伤组织类似于人和动物的肿瘤细胞。

根据不同植物愈伤组织的喜好，科学家把它们放置在日光灯下进行光照培养，或者放在暗处进行暗培养。愈伤组织细胞培养对光照条件的要求虽然不同，但对温度要求却是共同的，即一般都在25℃左右的恒温条件下生长。从此，植物细胞便在无菌的试管环境中，过起养尊处优的舒适生活。

以上是试管苗培养的第一阶段，接下来的工作是芽的增殖。这一阶段是快繁技术关键的一环。通常，以愈伤组织"面目"而存在的植物细胞，具有再分化和生长成完整小植株的潜能。由不同外植体诱导形成的愈伤组织，往往具有各自不同的秉性。科学家们可以通过调整培养基中激素的种类和比例，为它们安排不同的成长道路，分别形成侧芽、不定芽或胚状体，再通过它们发育成植物个体。

通过侧芽和不定芽途径发生的芽长成嫩枝后,常常是没有根的,因此还要诱导生根,才能成为一棵完整的植株。在诱导生根这方面,草本植物一般比木本植物容易。当然,如果是通过胚状体途径长成的嫩枝,就不需要诱导根了。在适合的培养基上,胚状体能同时长芽生根,就好像种子萌发一样,直接长成小苗。当芽和根长齐时,一株嫩绿的试管苗就诞生了!

试管苗诞生后,就要从养尊处优的生活环境中移出,栽培到土壤中,从此投入大自然的怀抱,经受风雨的考验,这个过程也称为移栽。移栽就意味着娇嫩的试管苗要从一个无菌、光照、温度和湿度恒定的培养条件中,转移到一个有菌,各种条件不稳定的自然环境中,并要从异养转变为自养,叶片的光合作用能力和根的主动吸收能力需要逐渐增强,叶片表面的保护层要逐渐形成。因此,试管苗的移栽是一个试管苗适应生存环境剧烈变化的过程。试管苗离开培养基,就好像婴儿的断奶期,从此必须告别营养丰富、易于吸收、冷暖适宜并富含抗体的母乳,开始独立从各种食物中获取生长所需的营养。这可不是一件容易的事,需小心控制,使试管苗逐步得到锻炼,最终适应并在土壤中成活。

移栽的方法一般是先打开试管盖,让小苗脱离无菌和高湿度的小环境,尝试着呼吸一下外界的空气。这个过程大约需 2~3 天,称为"炼苗"。如果"炼苗"后的小苗依然生机盎然,具备良好的身体素质,那就可以摆脱试管的束缚了。从试管中取出生根的小苗时要十分小心,先洗去根部所携带的培养基琼脂,再栽入含有少量营养物的人工基质中,进行一段时间的过渡,最后移栽到土壤中。在过渡时期中,应保持较高的湿度,避免阳光直射和过大的温度波动,经逐步锻炼适应后再移入土壤中,回到大自然的怀抱。至此,试管苗的整个成长经历就完成了。

通过试管苗来培养植物,具有很多优点:

对于某些难以繁殖或生长速度慢的植物，如一些名贵的花卉(兰花、君子兰等)和某些需要保护的珍稀濒危植物(如铁皮石斛等)，可通过培育试管苗来加速其繁殖，在短短一年之内，一株植物就能增殖至数十万株。特别是木本植物繁育周期长，从种子到下一代，往往需要几年，甚至几十年，如果用试管育苗的办法，对于缩短育种时间和保持植物优良品质意义尤为重大。

试管苗还可用于繁殖健康的无病毒苗。有些植物(如香石竹、百合、草莓、马铃薯及一些果树)，虽然用常规的组织细胞增殖方法也很容易繁殖，但极易感染病毒，从而影响植物的生长。为了获得无病毒植株，一般需要使用分生组织进行培养，即选取茎尖的那部分组织(一般为 0.1~0.5 毫米大小的生长点)为外植体。外植体越小，带病毒越少。经该方法培养成的植株，还需作进一步鉴定，确认是无毒的植株之后，才可再进行大量繁殖。这样得到的植株，可用来作为原种或直接栽培，可以大大提高苗木的质量。

有些杂合的园艺作物如非洲菊、花烛等，目前尚没有行之有效的常规营养繁殖方法，而用种子繁殖时又不能得到性质均一的个体。在这种情况下，用试管苗快速繁殖的方法，就可以迅速得到基因性状相同的无性系。

此外，试管苗技术还可用于繁殖特殊基因型的新品种，如繁殖从国外引进的少量珍稀植物材料、优良的变异品种、雌雄异株植物中经济性状较好的植株(如猕猴桃和木瓜的雌株、毛向杨的雄株)等。

鉴于试管苗的种种优点，近 20 年来，试管育苗技术的发展十分迅速。现在，世界各地已有大量试管育苗工厂，尤其在花卉的生产上，形成了所谓的试管花卉工业。试管育苗技术与现代化设备和自动化管理技术的结合，将使种植业的可控程度大大提高。

尤其令人兴奋的是，目前人们已将植物试管苗技术与基因工程相结合，达到了快速繁殖、改良品种等目的。近年来，基因工程发展迅速，人们已先后克隆了大量有药用和商业价值的基因，如干扰素基因、胰岛素基因等，这些基因目前多数已在细菌、酵母等微生物中表达，由此所生产的药物已达到了工业化的规模。植物科学家由此得到了很多启发。他们正设想把各种有用基因导入植物细胞，并通过试管苗技术，在植物中生产干扰素、胰岛素等，这样，既可以扩大生产规模，又可以降低生产成本，为药物开发与生产开辟了一条新的途径。此外，科学家们还试图利用试管苗技术，按照人们的需要来定向改良作物，如将抗病、抗虫、抗盐碱的基因或增强农作物光合作用的基因，导入一些重要的作物中，最终通过植物克隆来扩增所获得的具有优良性状的植株，并尽快应用于生产，以创造巨大的经济和社会效益。

原生质体

植物细胞与动物细胞的最大不同之处，在于它通常穿着一层坚硬的外衣——细胞壁。

17世纪，英国科学家罗伯特·虎克用自制的显微镜对植物进行观察，结果发现植物细胞被坚硬的壁所包被。在过去萨教科书中，都把细胞壁描写成一种被动地包裹着细胞中有生命活性物质的纤维素盒子，并认为植物细胞壁是些没有作用的空盒子。

但是现在科学家们发现，细胞壁在植物发育过程中可能担负着决定细胞命运的信使职责，但它们是如何与细胞内外的其他分子"谈话"和交流，从而充当信使的问题，目前仍然是个难解之谜。研究者们正在试图追踪这些信使分子，并且探察它们究竟传递了什么信息。研究发现，细胞壁的许多"喋喋不休"，似乎都和发育有关。例如，细胞壁指示一些细胞变成根，同时又"命令"其他的细胞发育成枝条和叶片。

实际上，许多研究者目前正把细胞壁比作动物细胞的胞外基质，它们和细胞经常进行对话，影响着细胞生活的许多方面，包括细胞分裂和分化。和胞外基质一样，细胞壁含有大量的承载纤维，在水凝胶中缠结在一起。植物细胞壁和动物胞外基质两者的成分，原来都是由细胞分泌出来的，然而它们一旦定位在细胞壁或者胞外基质之中时，这些分子就和细胞及它们的"邻居"发生作用。

如果把细胞壁这层神秘外衣脱去，便露出冰肌玉质的植物细胞胴体——原生质体。原生质体是指通过质壁分离,能够和细胞壁分开的那部分细胞物质,换言之,原生质体就是除去全部细胞壁的裸露植物细胞。它们没有了原先植物细胞或方或长的外形,一律变成像珍珠一样的圆球状。1960年以前,制备原生质体主要是用机械方法。靠这种生硬的方法,强制性地剥掉植物细胞"外衣",既麻烦又使细胞元气大伤,还难以获得大量的原生质体来进行科学实验:直至1960年,科学家们终于找到了脱去植物细胞"外衣"的好办法,那就是在专门溶解细胞壁的纤维素酶和果胶酶的作用下,使坚硬的细胞壁一点一点地瓦解,最终得到大量生命力强的原生质体。

原生质体虽然没有了细胞壁,但仍能进行植物细胞的各种基本生命活动,如光合作用、呼吸作用、物质交换等,这样就非常有利于科学家探讨许多细胞生理问题。更重要的是,原生质体在离体培养条件下,能够再生出细胞壁,继续生长和分裂,形成愈伤组织,并经诱导分化再生成完整植株。也就是说,原生质体仍然保持着植物细胞的"全能性"。这给高等植物细胞工程和基因工程的发展,提供了诱人的远景。由于脱去了细胞壁这层外衣,植物细胞外周就不再有坚硬的细胞壁作为保护屏障,而仅由质膜包裹,像没有细胞壁的动物细胞一样,这样,对植物细胞进行操作和改造,就变得和动物细胞一样简单易行了。科学家们采用细胞工程技术,可以方便地向原生质体引入细胞器、大分子、外源遗传物质、低等生物等。现在,脱去外衣的植物原生质体已成为细胞操作的理想起始材料和受体,在植物细胞工程的舞台上,大显身手。

原生质体究竟有哪些用途呢?

首先,原生质体可用于植物细胞的融合与杂交。实际上,植物细胞的融合现象在自然状况下是很普遍的,如高等植物的受精作用就涉及到原生质体融合。在植物细胞融合研究中,常把融合现象分成"自发融合"和"诱导融合"两类。"自发融合"是指两个相邻的植物细胞或原生质体之间在自然条件下发生的融合，一般认为这类融合与胞间连丝有关。"诱导融合"是指将原生质体分离出来以后，再加入适当的诱导剂或用其他方法，促使原生质体融合。

用酶解方法制备原生质体这一技术的建立，为随后科学家们开展可控和可重复的诱导融合试验奠定了基础。细胞融合技术应运而生，并成为细胞工程的主要内容之一。

细胞融合技术也叫细胞杂交。简单地说，凡是将两个细胞或原生质体融合成一个细胞的过程就可称之为细胞杂交。植物原生质体可以从体细胞或性细胞中获得。由于目前绝大多数植物细胞杂交都用来自根尖、茎端和叶肉等组织的体细胞作为亲本细胞，所以也常称之为体细胞杂交。体细胞杂交不同于一般人们所讲的作物杂交，它不是通过传粉、受精，使雌雄配子相互融合而形成种子的过程。体细胞杂交一般是先将两种不同植物的原生质体，通过物理或化学方法诱导其细胞融合，形成杂种细胞；继而再以适当的技术进行杂种细胞的分拣和培养，促使杂种细胞分裂形成细胞团和愈伤组织，最后发育形成杂种植株，从而实现基因在远缘物种间的转移。

也许您会提出这样的疑问：要引入远缘物种的基因，通过远缘杂交或是多倍体技术不就可以了嘛！为什么还要进行体细胞杂交呢？

我们知道，无论是远缘杂交还是利用多倍体技术，都要先实现有性杂交。而亲缘关系较远的物种间杂交，往往会表现出杂交不亲和，或不能受精，或胚胎早期败育。进行体细胞融合就可以避开生殖细胞的受精过程，避免上述种种麻烦，从而在亲缘关系更远的物种间实现基因转移，创造出自然界中原本没有的新物种。

1978 年，国际上诞生了第一个属间的细胞杂种再生植株。科学家使原本亲缘关系较远的马铃薯与番茄结亲，得到了属间细胞杂种植株——"薯茄"，它们的后代兼有双亲的某些特征。此外，科学家们还将油菜与拟南芥的细胞融合，使得两个物种的染色体组相加，人工重现了自然界的进化过程。

不过，通过融合将双亲的染色体组相加，往往会造成遗传上不稳定、杂种细胞不易分化成株，或是可能从野生种带进过多的不良基因。所以，科学家就把后来的工作重点，转移到了导入少数外源基因上。现在，用体细胞融合这一方法，已成功地将二倍体马铃薯野生种对卷叶病毒的抗性基因，转移给了栽培种马铃薯。

体细胞融合还有一个重要的价值，那就是创造细胞质杂种。已有的研究表明，农作物的许多性状是由细胞质控制的，如细胞质雄性不育、除草剂抗性等等。但在有性杂交中，因为雄配子所携带的细胞质较少，故难以产生细胞质杂种。而在体细胞杂交中，双亲的细胞质都有一定的贡献。据试验，融合后的体细胞杂种细胞质最终会只选择某一亲本的叶绿体，但对线粒体则可以实现双亲重组。因此，这样就有可能通过细胞融合获得细胞核、叶绿体和线粒体基因组的不同组合，这在育种上无疑有着重大价值。例如，通过融合已获得了具有油菜叶绿体和萝卜胞质不育特性的春油菜，这在有性杂交中是难以做到的，因为叶绿体和胞质不育特性均为母性遗传。近年来，人们日益认识到作物的优良性状往往受多基因控制，而仅仅通过基因工程手段很难实现多基因转移。原生质体融合为一次性多基因性状的改良提供了途径。在这方面，加拿大科学家已将烟草的体细胞杂种用于烟草品质的改良中。此外，在解决一些作物利用有性远缘杂交常常不易获得成功的问题上，运用体细胞杂交常可奏效。可见，与其他杂交手段相比，体细胞杂交的优势就在于它不仅可在相同的物种间进行，而且可在不同物种间，甚至在动、植物之间进行杂交。

不难看出，体细胞杂交在作物育种和种质创新上有其独到的意义和作用。随着新的融合技术，如电融合技术的进一步完善和发展，体细胞杂交对作物改良必将发挥出更大的作用。

除了体细胞杂交培养新物种外，原生质体的能耐还大着呢！例如：原生质体培养，为植物引进优秀的外源基因打开了又一扇大门。由于原生质体"细皮嫩肉"，很容易进行基因转化工作，因此在植物遗传转化研究中，原生质体已发展成为一种被广泛使用的受体系统。在20世纪80年代中期，相继出现了电击法和化学方法。这两种方法可以将包围原生质体的质膜在瞬间打开一些小洞，使胞外的遗传物质得以进入细胞内而不影响细胞的存活。目前应用较广的原生质体转化方法有：聚乙二醇(PEC)介导法、显微注射法、脂质体包埋吸入法、电融合法等。

在基础研究方面，原生质体还可利用来研究细胞壁的再生、各种细胞器在细胞壁再生中的作用、细胞膜的结构与功能，以及细胞膜在能量转换、物质交流和信息传递等方面的作用，也可用于研究病毒侵染和复制的机理等方面的问题。在植物生理学研究方面，原生质体已成为研究植物生长调节物质的作用、植物代谢以及其他生理问题的有力工具。此外，利用原生质体易破碎的特点，还可以分离获得大量完整的细胞器，用于各种相关研究。

可见，娇柔的原生质体"身手不凡"，已成为科学研究的好材料。但是，培养原生质体一直是件不容易的事，从培养基的配方到培养条件的每一个环节，都要经仔细摸索和尝试之后，才有可能成功。正由于原生质体培养条件苛刻，当前，仍在一定程度上限制了其更为广泛的应用。尽管如此，科学家们对原生质体的研究热情始终不减。他们深信，总有一天会克服重重困难，使原生质体在植物生物工程中展示出更大的魅力。

单倍体植物

稍有点植物学常识的人都知道，花粉是植物的雄性生殖细胞。在自然界中，绝大部分的植物，都是花粉和卵细胞受精后发育而来的。根据这个道理，过去人们想培育品种，都要通过杂交的方法，经过许多代的选择纯化，才能形成稳定的新品种 (一般都要经过 5~7 年的时间)。这不仅浪费时间，而且还必须十分繁琐地从杂种中挑选出优良品种。这可不是一件容易的事。

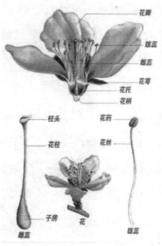

现在科学家发现，通过花粉培育诱导可大大缩短培育新品种的时间。花粉作为雄性生殖细胞，同其他细胞一样，也具有全能性，通过培育也可长成完整的植株，只是长势差，只可作为育种的一个中间材料。

例如，水稻品种"垦桂"，穗大，产量高，但不耐病虫害；而另一个水稻品种"科情 3 号"，穗小，而抗病虫害的性能强。将它们杂交，便可得到 4 种类型的杂交种、抗虫小穗型、抗虫大穗型、不抗虫小穗型和不抗虫大穗型。利用花粉培养，只需用抗虫大穗型的花粉，就能较快地得到新的水稻品种，使育种效率提高 4 倍。厉害吧！对这种单倍体育种你可能很感兴趣，那就让我们先来了解一下什么是单倍体植物。

在自然界中,大多数高等植物体细胞的染色体是成对出现的,通常是二倍体或偶数多倍体,其染色体一半来自父本,一半来自母本。那么,单倍体植物又是怎样来的呢?

植物的花朵中长有雄蕊与雌蕊,雄蕊顶端结有花药。花药中有很多花粉细胞,它们的染色体数目只有普通体细胞染色体数目的一半。如白菜植株的体细胞内有 20 枚染色体,而其花粉细胞内的染色体只有 10 枚。由此可见,每一个花粉颗粒便是一个有生命的单倍体细胞。在一般情况下,花粉细胞先发育成精子,然后经授粉过程而与雌蕊中的胚珠结合,形成一颗种子或一个果实,从而又恢复了两套染色体。也就是说,在自然界的许多生物中,它们的每个基因都有两份。两份基因完全相同的,称纯合子(体);不完全相同的,称杂合子(体)。在杂合子(体)中,起主要作用并表现出某种性状的那个基因,人们称之为显性基因;杂合子(体)中不表现出性状的那个基因,则称之为隐性基因。

自然界植物的这种情况,在遗传上表现为显隐性关系等复杂的特性:从育种的角度出发,它不利于人们从中挑选出纯合体,对进行遗传育种有碍。一般而言,只有纯合体的后代的各种性状才能保持一致,而杂合体的后代之间会发生性状的分离。同样,这一情况也妨碍了将近代生物学的技术应用于高等植物,例如要筛选隐性突变体,就会有相当大的难度。

通过长期的研究,人们发现利用植物的花粉、花药、小孢子等单倍体细胞,通过组织培养的办法,可培育出单倍体植株。由于这些植株只含有一份染色体,因此它们的基因型和表现型完全一致,通过表现型即可判断出是什么基因型。这种基因型与表现型的一一对应关系,给科学研究带来了极大的便利。但是,在单倍体细胞是否具有全能性,能不能通过它长成完整植株等问题上,曾一度令科学家们困惑不已。

1964 年,印度两位研究人员的大胆实验,首先对此作出了肯定的答复,他们用毛叶曼陀罗的花药培育出了单倍体植株。这一成功立即引起了轰动。此后,不少研究人员也投入到这一领域进行深入探索,并取得很大进展,从此,由植物细胞培养派生出了另一种育种技术,即单倍体育种技术。

植物的细胞可以分成两大类,一类是构成植物自身或执行普通生理功能的,称为体细胞;另一类是由生殖器官生成的生殖细胞,如植物的花粉和胚囊中的细胞,它们都只含有体细胞一半的染色体,因此也称为单倍体细胞。由单倍体细胞产生的植株也就是单倍体植株。单倍体植株一般比较矮小、叶片较薄、生活力较弱,并且高度不孕,所以在自然界是没有竞争力的。单倍体育种正是将植物的单倍体细胞培育成植株,并使其染色体加倍,再成为正常生长繁殖的晶系或品种。培养出来的这些植株因此又被称为双单倍体。

双单倍体是由单倍体经染色体加倍而来的,这种植物具有与正常个体相同的生活力和相同的繁殖能力。更重要的是,它的每一个基因都是一模一样的两份,也就是说,它是遗传上所谓的纯合体植株。它的自交后代,个个都是孪生兄弟姊妹,从外部表型到内在基因都是完全一样的,就像克隆出来的个体一样。

基于这一特点,单倍体植物就有了人类可利用的很多奇妙用途。

首先,在培育新品种方面,单倍体有着独特的作用。因为单倍体育种具有的最大优点是,通过它所获得的纯合二倍体的后代性状整齐一致,没有通常的杂交后代参差不齐的性状分离现象,这样便可免去漫长的多代选育鉴定过程,与常规杂交育种方法相比较,可节省 4 年左右的时间。以前,用传统方法培育一个新品种,一般要经过 5~7 代自交,需要5~7 年时间方可育出稳定的品种,如果选育杂交品种,则要先育出大量的自交系,自交系的选育也要有6代以上的自交,很是费工费时。而培育出单倍体植物后,通过化学药剂处理,可以很容易地使染色体加倍,使之成为纯合的二倍体,育种时间就可大大缩短。此外,依靠传统方法不论是选育定型品种还是选育自交系,均存在植株表现型和基因型不一致的问题,选择效率很低。而用单倍体培养育种,植株的基因型和表现型完全一致,通过表现型即可判断出是什么基因型,大大降低了误选的概率。

单倍体培养还可提高诱变育种的效率。在诱变育种中,一方面由于基因突变的几率很低,另一方面发生突变的有时可能只是一个隐形基因,从植株上不能直接表现出来,这就需要种植大量的植株,通过后代的性状分离才能挑出来。如果以单倍体植物作诱变材料,突变隐形基因就可表现出来,获得突变体的速度可大大加快,育种时间也可以缩短。

单倍体培养还可获得超雄植株。这里,我们以芦笋为例,作一简要说明。芦笋是一种高档蔬菜,是雌雄异株的植物。雌株的性染色体为XX,雄株的性染色体为XY。雄株质量好、产量高。在自然条件下,雌雄株的比例为1:1。如果培养雄株花药,所得的单倍体植株加倍后即可获得自然界不存在的超雄株(YY)。超雄株和正常植株交配,得到的后代全为雄株,这在生产上具有很高的经济价值。

单倍体培养还可加速远缘杂种的稳定性。通常情况下,远缘杂种后代会发生强烈的性状分离,一般要经过很多代之后才能稳定。而利用单倍体技术,把杂种一代的花粉、花药进行离体培养,再对单倍体植株进行染色体人工加倍,即可克服性状分离,迅速获得稳定的新类型。这种方法在小麦育种中的运用已十分普遍,并育出了多个小麦新品种,推广面积达到数百万亩。

目前,通过花粉或花药培育单倍体植株,已展现出诱人的前景。花粉处于花药的药囊之内,花粉培养诱导单倍体,就是要终止花粉的配子体发育,形成花粉胚或花粉愈伤组织,最后形成花粉植株。花粉或花药培养,首先要选取处于合适发育时期的幼花蕾或幼花,必要时还要对它们进行一定预处理。其过程主要包括:从花蕾或小穗中解剖出花药和花粉,加入适宜的培养基,然后在合适的温度、湿度和光照等条件下培养,诱导花粉胚或花粉愈伤组织的形成,并长出花粉单倍体植株,最后对花粉单倍体植株的染色体进行加倍处理,便得到性状稳定的花粉植株。

以前分离花粉多采用机械方法进行。由于机械分离难免会造成损伤,而且,损伤的组织细胞会释放出若干抑制花粉生长的物质,因此不利于对其进一步培养。于是,科学家们发明了一种所谓的"散落花粉"培养法。这种方法利用花药在液体培养基中漂浮培养时会开裂而自然地将内部的花粉释放到培养基中去的特性,在花粉被释放后将花药取走,散落出的花粉则留在培养基内。这样,大量的花粉就可完好无损地被分离出来。在换入新的培养基后,就可进行培养了。这样获得的花粉质量好,活力强,容易培养成单倍体植株。

此外,科学家们还发现,在花粉或花药培养中,会产生染色体变异和基因突变,这对于进一步研究克隆植株很有用。花粉在形成愈伤组织的过程中,染色体数目的变化很常见,花粉愈伤组织中单倍体细胞的比例,常随着培养时间的加长而迅速降低,而被二倍体、多倍体或非整倍体的细胞取而代之。在水稻的花粉植株中,已发现有单倍体、二倍体、多倍体以及非整倍体植株的形成,而其中二倍体花粉植株的此例可高达40%~60%,甚至更高。这对于利用花粉植株在短期内产生纯合植物,无疑是一大优点。

在花粉或花药育种培养中,还常可发现形成一些突变的花粉植株,如矮秆、茎秆变细、早熟、育性降低等这些与人工诱变中常发生的相似的变异类型。这类花粉植株遗传上的稳定性,取决于突变是发生在单倍体阶段，还是发生在染色体已加倍形成二倍体时。如发生在前一种情况，则该突变体在染色体加倍后，其后代应同样是稳定的;而对于后一种情况，则后代会产生遗传性状的分离。

当前，尽管用花粉或花药培育单倍体植株的技术已取得了很大进展，如科学家们已经成功地培育出了水稻、烟草、小麦、大麦、高粱、番茄等重要经济作物的单倍体植株。但是，该技术在其他许多作物中的应用，仍受到限制。究其原因，主要是因为不同的作物培育单倍体植株的条件不尽相同。也就是说，许多重要作物的单倍体育种条件至今仍不十分清楚。虽然部分植物的花粉能在多种培养条件下诱导生长、分裂，其培养条件似乎并不十分苛刻，但对多数植物而言，其培养条件严格而独特，还需要作艰苦的探索。此外，研究者们还发现，造成有些植物单倍体育种失败的原因，还在于花药的体细胞组织在培养基所含激素的刺激下，迅速增殖形成愈伤组织，其速度远远快于花粉形成愈伤组织的速度，在两者的竞争中，体细胞组织的生长往往是"赢家"。

看来，科学家们在单倍体育种研究的道路上，还要付出许多辛勤的汗水。一旦有一天，人们克服了种种技术障碍，单倍体育种必将成为选育优良植物新品种、培育重要农作物的一条捷径。

人工种子

  大自然中的绿色植物通常都能开花结果,产生成熟的种子,然后通过萌发,生根发芽,诞生出一个个新的植物"小生命"。天然种子,一般都是由种皮、胚乳和胚三部分构成。种皮通常在种子的外层起保护作用;胚乳含有大量的营养物质,是种苗萌发生长不可缺少的营养来源;胚由胚芽、胚轴、胚根和子叶构成,将来发育成植株。

  人类在漫长的劳动实践中,发现了一些奇怪的现象。如靠种子繁衍的花卉并没有遗传其"母亲"的美丽容貌,结出的果子失去了原有的美味。为什么呢?简言之,这就是由生物体在世代间的遗传与变异而造成的,可谓"一母生九子,子子各不同"。

  事实上,在长期的遗传与变异中,有些植物在慢慢地失去结出丰硕果实的能力。它们的种子退化,自然繁殖能力减退。久而久之,这些植物就变成了珍稀濒危物种,面临从地球上消失的危险。如何有效地拯救这些珍稀物种、开发它们的药用价值等,已成为植物科学研究的热门课题。除了已提到的快繁技术外,科学家们还探索用细胞培养的方法人工构建植物种子,这就是人工种子。

  那么,什么是人工种子呢?

  原来,所谓人工种子,就是指通过植物组织培养技术培养出来的,在形态及生理构造上与天然种子的胚相似的植物胚状体。这种胚状体也称为体细胞胚,它包含有子叶、根和茎分生组织等结构。科学家们把体细胞胚包埋在胶囊内形成球状结构,即在人工胚状体的外部包上"人工胚乳"和"人工种皮",使其具备种子机能,这样便形成了人工种子。这样的人工种子种在土壤中,就像天然种子一样,能够长成健康的小苗和植株。

人工种子,既充分利用了植物快繁技术的优势,又吸收了植物生长发育和农业生物技术研究的先进成果。由体细胞胚组成的人工种子与合子胚形成的自然种子相比较,具有很多突出的甚至是不可取代的优点。

首先,人工种子的繁殖速度快得惊人。由于人工种子中所含的体细胞胚是通过组织培养方法生产的,因此,人们能以很快的速度繁殖生产体细胞胚:以胡萝卜为例,用一个体积为 12 升的发酵罐,在 20 天内生产的胡萝卜体细胞胚可制作 1000 万粒人工种子, 可供几万亩地种植,这就大大地节省了天然种子。此外,人工种子的包裹层是通过化学方法制成的,不存在生产的任何限制。

其次,大量人工种子来源于同一植株的体细胞,一般不存在遗传变异问题。因为人工种子有可能既保持优异的杂种优势,又能快速繁殖,所以在杂种优势利用范围日益扩大的今天,研制杂种的人工种子,对于那些单位耕地面积用种量不大的植物以及优异杂种的繁殖及推广,具有实际的意义。另外,对那些不能通过正常的有性生殖途径加以推广利用的具优良性状的植物材料,如三倍体植物、多倍体植物、非整倍体植物等,有可能通过人工种子在较短的时间内大量地繁殖,同时又能基本上保持它们的种性;同样,对难以获得种子的某些稀有名贵突变材料或者需要大量加以推广的优良品种的种子量不够的问题, 均可通过人工种子,来获得并满足大量推广的足够种源。

人工种子还可大大缩短育种周期,加速良种繁育速度。在新品种的选育过程中,利用人工种子技术,只需有一株优良单株便可大量繁殖,这样将加速杂交一代杂种的应用速度,扩大应用规模和范围。尤其是那些通过基因工程获得的转基因植物往往只有少量植株,通过采用人工种子,就可以将这种转基因株在短期内大量繁殖,快速地加以扩大实验,缩短实验周期。

人工种子还具备了一些天然种子不具备的功能。人工种子的"胚乳"和"种皮",构成了体细胞胚的胶囊。在胶囊中,可根据不同植物的需要配制最优的营养,还可加入某些农药、微生物、除草剂等以防止病害、杂草发生。这样,就可使人工种子具备天然种子不具备的功能,从而使其具有特殊的价值。

人工种子便于贮藏和运输,适合机械化播种。与常规的种子生产相比,人工种子的生产不但可以节省耕地,且能不受气候及地理条件的限制,可避免各种灾害因素,从而实现稳定的工业化生产。与一般的快速繁殖技术相比,人工种子的繁殖效率是其他一般快繁技术所无法比拟的。而且,一般快繁技术所得的植物小苗,都要一一经过从试管内移植到试管外的"炼苗"过程。这是一个很费时费工的操作,而人工种子可以避免这些麻烦。因此,人工种子有可能发展成为一项能适应高度机械化操作要求的、能在田间直接进行机械化播种的新技术。

但是,制作人工种子可不是一件简单的事,科学家们为此足足经过了十多年的探索,目前只初步取得了成功,分别在胡萝卜、芹菜、苜蓿、花椰菜、天竺葵、山茶、火炬松、花旗松、挪威云杉等多种植物中试制出"雏形的人工种子"。

那么,神奇的人工种子是如何制造出来的呢?

首先,要培养大量的体细胞胚。生产高质量的体细胞胚,是人工种子制作的关键。不同植物体细胞胚的培养有难有易,条件各不相同。在生产人工种子时,一般要求体细胞胚具有与天然种子相当的成株率,或者甚至超过天然种子,也就是说,人工种子的质量一定要高。因此,获得大量同步化的和健康的体细胞胚,是制备人工种子的最重要的技术关口。

然后,要对人工体细胞胚进行包裹。体细胞胚的包裹,是关系到人工种子萌发和生产应用成败的重要环节。对体细胞胚的包裹,要求做到不影响体细胞胚萌发,并提供其萌发与成苗所需的养分和能量,即起到胚乳的作用。包裹时,先要应用一定的介质将体细胞胚包埋起来。这种包埋介质应该是能起到缓冲作用和保护作用的亲水胶体,但同时又是在体细胞胚"发芽"时能够穿透的物质。而且,这一介质应有足够的坚硬度,以保证人工种子在生产、运输和种植过程的安全,同时能保持人工种子的良好生活力及其发芽率。其次,包埋基质中还应具有必需的营养物质、植物生长和发育控制因子以及其他化学或生物学因子,以满足体细胞胚能顺利发展成为小植物的全部需要。另外,在人工种子的种植过程中或在发芽过程中,可能比自然的种子更易受到霉菌、细菌或害虫的侵染,因此需加入适当的杀虫剂或杀菌剂。

经过长期的艰苦探索,科学家们发现海藻酸钠可以作为包埋介质的基本成分。将成熟的健康体细胞胚与2%~3%的海藻酸钠相混合(混合前的海藻酸钠中加入上述必要的成分),然后将含有一个个体细胞胚的海藻酸钠小滴再一一加入到适当浓度的 $CaCl_2$ 溶液中,经过胶复合作用的造型过程,便可在20~30分钟左右形成内含体细胞胚的、形似鱼肝油丸大小的、有一定硬度的成型雏形人工种子。这种"种子"的中央含有人工体细胞胚,包埋在其周围的海藻酸钠等成分起着自然种子的子叶或胚乳的作用,因此,有人称海藻酸钠的包裹层为"人工胚乳"。从20世纪60年代开始,这一技术已应用于兰花的工业化生产,取得了巨大的经济效益。

最后,还要装配人工种皮。装配人工种皮这个过程,就是在"人工胚乳"的外围再加上一层薄薄的包被物质,这样便完成了人工种子制备的全过程。对于人工种皮的理想要求是:既要有一定的密闭性,以保持人工胚乳的各种成分不易流失,又要有适当的透气性,以利于气体的交流;既要有一定的坚硬度,起到对体细胞胚的保护作用,加强人工种子的耐储力和对各种机械作用的抵抗力,以利于储存和运输,又要在人工种子萌发时,能让体细胞胚顺利地发芽。也就是说,要做到软硬适中。此外,人工种皮本身应对体细胞胚及幼苗是无毒的,同时最好还兼具有一定的杀伤病虫害的作用,并且还要求装配过程简单,成本也不宜太高。目前,可以作为人工种皮的较好材料,是美国杜邦公司生产的一种三元聚合物 Elvax4260,另外还有其他公司生产的一些产品, 如 Polyx 和 WSR-NT50 等。

总之,人工种子不仅具备了组培试管苗的全部优点,而且与试管苗相比,还具有生产成本低(节约培养基)、运输方便 (体积小且不需要带试管)、可贮藏等众多特点,具有很大的应用潜力。当前,美国、日本、法国、印度、瑞士、韩国与我国科学家都在积极对其进行研究,已有近 20 种植物的人工种子研制获得成功。据报道,一些植物的人工种子的制作费用,已与天然种子的价格相当了。

但是,人工种子毕竟是一件新生事物,要使它真正大规模应用于农业生产,仍有一段较长的路要走。人们相信,随着农业生物技术,尤其是组织培养技术的发展,人工种子必将成为 21 世纪农业高技术产业之一,在生产实践中发挥越来越重要的作用。

野生植物培养

几千年来，人参向来被人们列为中草药的"上品"。人参之所以珍奇、名贵，主要与它的药用价值有关。在很早的医书《神农本草经》中就记载说，人参有"补五脏、安精神、定魂魄、止惊悸、除邪气、明目开心益智"的功效，"久服轻身延年"。李时珍在《本草纲目》中也对人参极为推崇，认为它能"治男妇一切虚症"。人参在植物分类学上被列为五加科人参属植物。野生人参对生长环境的要求比较高，它怕热、怕旱、怕晒，要求土壤疏松、肥沃，空气湿润凉爽，所以大多生长在长白山海拔 500~1000 米的针叶、阔叶混交林里。长期以来，由于被大量采挖，野生人参已处于濒临灭绝的境地。这种"中药之王"、"能治百病的草"与水杉、银杉、桫椤等珍贵植物一起，已被列为我国国家一级重点保护植物。

除了野生人参之外，铁皮石斛也是一种珍稀濒危的药用植物。乙铁皮石斛为我国传统名贵中药，在《神农本草经》中也被列为上品。它具有滋阴清热、生津益胃、润肺止咳、润喉明目、延年益寿的功效。现代药物化学和药理学研究表明，石斛中所含有的多糖成分具有较高的抗癌和增强机体免疫功能的活性。因此，铁皮石斛已被公认为是具有治疗和保健双重功效的珍贵中药。

但是，大自然中的铁皮石斛已难以寻觅。铁皮石斛为兰科植物，附生于高山悬崖的峭壁岩石上，由于长期无节制地采挖，加之这种植物的自然繁殖率低，当前铁皮石斛资源已趋枯竭。因此，铁皮石斛也被列入了国家重点保护的野生药用植物行列。

令人欣慰的是，植物组织培养技术给野生珍稀植物的繁殖带来了曙光。

这里，让我们透过铁皮石斛的试管苗繁殖技术，来窥视珍稀野生植物是如何被大量"复制"和扩增的。从20世纪80年代开始，我国科学工作者就着手探索人工繁殖铁皮石斛的奥秘。经过十多年的努力，现已发现了这一技术的"秘笈"。只要有一粒铁皮石斛的果实，我们就可以无限地扩增石斛小苗。

首先，我们来介绍一下铁皮石斛种子的特殊性。我们熟悉的很多植物种子，大多数都能耐受干燥，从而可以长期保存。研究发现，来自距今一千多年前的古墓中的水稻种子，也能萌发并生长成健康的水稻植株。除水稻之外，小麦、大麦、玉米、大豆等作物，它们的种子在干燥的环境下，都能长期地储藏。但是，铁皮石斛的种子则不同，其果实为蒴果，一个蒴果中包含有许许多多细小如粉末的种子。在显微镜下观察，这些种子近似橄榄形，种皮为一层透明的薄壁细胞，中间有一个球形的胚。这类种子的一个重要特征是，一旦蒴果成熟就裂开，种子犹如尘埃一样，随风飘逝。尤为独特的是，该种子几乎没有胚乳！我们知道，胚乳富含种子萌发所需的营养物质，种子没有胚乳，就像新生婴儿没有母乳，在自然界中很难成长。这正是铁皮石斛自然繁殖率低的主要原因。

现在，我们大可不必为没有胚乳的种子而担心，因为科学家们精心配制的培养基，包含了种子萌发所需的所有营养成分，包括各种无机盐、维生素、氨基酸、多糖等等，一应俱全。这样的培养基可以满足植物细胞生长的各种物质需求，可以维持从种子萌发到小苗健康成长的整个历程。

与其他植物的组织培养一样，铁皮石斛的试管苗培养也要遵循严格的无菌操作规则。经仔细消毒后，小心打开铁皮石斛的蒴果，取出种子，将它们放置在培养基上，并提供25℃的温度和光照条件。经过两周以后，一个个绿色的石斛"小生命"就在试管中诞生了。虽然，这些小生命刚"出生"时只有沙粒那么一丁点儿大，但一个个生机勃勃，长势喜人。

研究者们发现，通过调节培养基中营养素和生长激素的含量和比例，可以控制这些小生命今后的成长方向。其中一个方向是让其自由发展，渐渐地长出根、茎和叶，就像自然界的种子萌发一样，直接生长成苗。另一个方向是利用生长激素来抑制它们分化成苗，实现所谓"去分化"的培养途径，让它们发展成一种被称为"原球茎"的结构。原球茎是一种基部长着假根，形态呈扁球状，并且不带茎叶的结构。它可以在试管中大量扩增，由一瓶变十瓶，十瓶变百瓶。一旦人们希望这些原球茎生长成小苗时，则可以通过调节培养基中的激素水平，使它摇身一变，成为试管苗。

因此，运用原球茎培养的方法，可以快速培育出大量铁皮石斛小苗。但是，这些生于试管长于试管的小苗非常娇嫩，要让它们重返大自然，还需要一个艰难的适应过程。这也是令科研人员十分头痛的难题之一。

在经历了无数次失败和不懈的努力之后，铁皮石斛试管苗的移栽技术，终于逐渐被科学家们所掌握。大量的试管苗经过特殊的"户外锻炼"，摆脱对温室和培养基的依赖性，一步一步地"自立"起来，最终重返大地母亲的怀抱，茁壮成长。

植物组织培养和试管苗技术的运用，实现了珍稀野生植物的快速增长，使之更好地为人类造福。可以预言，有了植物组织培养与试管苗技术，珍稀植物将不再珍稀！

植物细胞

    不打针、不吃药，只需让孩子吃一个香蕉或是一个橘子或是几片饼干，就可以有效地预防疾病。这并非是"天方夜谭"，这一神话般的科学设想，正在科学家们的手里变成现实。

    现代科学技术已经能够将普通的蔬菜、水果、油料、粮食等农作物，采用基因工程改变成为预防疾病的各种各样的疫苗。德国生物学家们着手改变香蕉基因的结构，他们利用香蕉细胞携带乙型肝炎抗原，作为疫苗来预防乙型肝炎，取得了预期的效果，即只吃一个香蕉，就可以免遭可怕的乙型肝炎病毒的侵害。这就是说，植物细胞变成了制药厂。

    其实，植物王国本身就是一个天然的药物宝库。许多树木花草都是贵重的药材，具有神奇的治疗效果，高明的中医大夫有"妙手回春"的本领，他们治疗疾病靠的就是药用植物。

    在很早以前，人类就知道用植物来治病了。古代的印第安人，他们在头痛发烧时，就把柳树皮捣烂后敷在头上，病痛便可解除；后来，科学家们通过研究发现，原来柳树皮中含有一种化学物质叫水杨酸，它是解热镇痛药物阿司匹林的主要成分。

    我国用中草药治病更是历史悠久，早在古代的新石器时代就有"神农尝百草"的传说。在写于两千年前的《山海经》中，已记载了 120 种药物；我国现有的最早药物学专著《神农本草经》中，记载了 365 种药物；我国古代的第一部药典《新修本草》中，记载了 844 种药物；大药学家李时珍编写的医药学巨典《本草纲目》中,记载了1893种药物。

在这座天然的药库中,还蕴藏着许多治癌良药。这些治癌良药通过科学家们的不懈努力,正不断地被发掘出来。如从长春花中提取的长春花碱,为最早的抗癌药物;从喜树中分离出来的喜树碱,对治疗血癌(白血病)有显著的疗效;从美登木中得到的美登素,对恶性淋巴瘤、多发性骨髓瘤等有明显的治疗作用;从太平洋紫杉中提取的紫杉醇,对治疗卵巢癌、肺癌等,均效果良好。此外,香菇,猴头菇、灵芝和冬虫夏草等菌类植物,也有抗癌、防癌作用。

因为天然药用植物库资源毕竟有限,特别是生长缓慢和生长条件特殊的药用植物,在自然界中数量很少,无法满足广大求医者的需求,所以为了开发这些宝贵的药物资源,除了直接从植物材料中提取外,如何利用植物细胞培养技术生产有价值的药用物质,是许多科学家非常感兴趣的研究课题。

从20世纪50年代开始,科学家们就孜孜不倦地探索着如何提高人工培养的植物细胞合成药物的产量。一般来讲,许多植物细胞所合成的药用物质,都是细胞生长代谢过程中产生的一些次生代谢产物。这些产物往往不是在细胞正常代谢中产生的,而是细胞在某些特殊生理环境或条件下产生的。它们的含量稀少,生产条件苛刻,要想提高它们的产量,需要做大量的基础工作来探索其中的秘密。这些基础工作包括培养条件的摸索、突变体细胞系的筛选等。可喜的是,如今科学家们已经找到了不少可以增加细胞次生代谢物质含量的方法,植物细胞制药厂的生产规模和产量已达到了较高的水平,有数十种药用物质在细胞培养物中的产量已超过它们"母体"植物的合成能力,如人参皂甙、生物碱、长春花碱、紫草宁,等等。

近年来,基因工程又给植物细胞制药厂带来革命性的新技术。科学家们已经能够把异源蛋白的基因引入植物来生产药用蛋白。据不完全统计，迄今为止，国际上已经有几十种药用蛋白质或多肽，在植物中得到成功表达，其中包括了人的多种细胞因子如表皮生长因子、促红细胞生成素、干扰素、生长激素、单克隆抗体，以及可作为疫苗用的抗原蛋白等。一些研究机构或公司，已开始从这些药物蛋白的生产中获得巨大的经济效益。

在植物中生产药用蛋白多肽的最早例子中，有一个是利用植物贮藏蛋白天然的高水平表达特性来生产人的神经肽——亮氨酸脑啡肽的。亮氨酸脑腓肽在临床上可作为止痛剂或镇静剂使用，它是一种含有5个氨基酸残基的小分子寡肽。现在，它已可在油菜中先以种子贮藏蛋白的形式被保存起来，然后经胰蛋白酶水解，从贮藏蛋白质上切割下后予以回收。

继早期的研究之后，在植物中表达人和动物的抗体和疫苗的设想，又成为科学家关注的热点。这个构思新颖、富有创意的设想是希望通过植物转基因的方法，利用植物的可食用部分生产抗体或疫苗，这样就可以轻松地从大自然植物世界获取无需冷冻、价格低廉、美味可口的食用抗体和疫苗。这个成果最直接的受益者，可能是我们的孩子们了。让我们想像一下，今后的儿童不再需要忍受打各种防疫针的痛苦，因为他们通过吃特殊的香蕉、草莓、苹果等美味水果，就能获得各种抗体，以抵抗多种传染疾病。这将是多么美妙的事啊！

更重要的是，利用转基因植物生产口服疫苗，可省略疫苗制造过程，这样就大大降低了生产成本。对负担不起当前昂贵流行性疾病疫苗的发展中国家的贫穷儿童来说，植物口服疫苗便宜得就像"食品添加剂"。而且，与微生物发酵、动物细胞和转基因动物等生产系统生产的疫苗相比，植物口服疫苗具有许多潜在的优势。如用细菌生产的疫苗，常常需要经过人为的糖基化和脂类的修饰才具有生物学活性,而且,细菌在发酵过程中产生的蛋白质还经常形成不溶性聚合物,称为包涵体,将这些聚合物重新溶解并恢复成天然蛋白质结构, 需要很高的成本,此外,发酵常需要庞大的设备投资。而用动物细胞系统生产疫苗,所需要的细胞培养条件苛刻,培养基的价格昂贵,对生产设备要求很高,不能直接食用,需要进行复杂的分离纯化等; 若以转基因动物作为生产系统,则有可能成为更多公众或伦理关注的焦点。更重要的是,动物中可能会含有潜在的人类病原,对人们的健康造成威胁。然而,如果用植物生产疫苗,上述问题就可以迎刃而解。

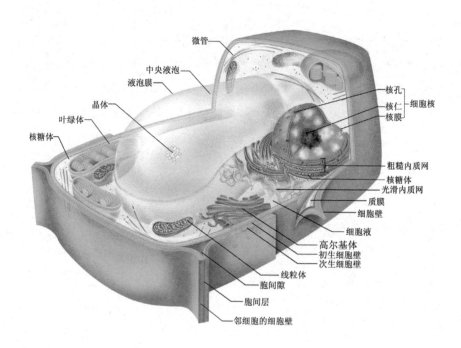

无籽西瓜

朋友，当您大口地品尝着清脆可口的无籽西瓜而不为吐瓜子烦恼时，您可曾想到它竟然是染色体工程的杰作呢?无籽西瓜的问世，改变了人们吃西瓜吐瓜子的老皇历，因此一跃成为人们喜爱的瓜果。无籽西瓜不仅食用方便、含糖量高，而且高产抗病、耐贮运，深受生产者、经营者和消费者欢迎，种植面积逐步扩大，各地都有不少农民在种植。但为什么无籽西瓜会无籽呢?简单地说，因为无籽西瓜是三倍体植株，所以无籽，但往深里讲，这个问题涉及到对细胞中染色体的操作。

我们已经知道，一般动植物体细胞内的染色体有两套，叫做二倍体，用 2n 来表示;经过减数分裂，产生的生殖细胞中只含一套染色体，叫单倍体，用 n 表示;如果体细胞内染色体是三倍、四倍、五倍甚至更多，这种生物就叫做多倍体。我们平常吃的有籽西瓜就是普通的二倍体西瓜，而无籽西瓜则是三倍体西瓜。也就是说，在无籽西瓜的体细胞内，存在着三套染色体。三倍体西瓜在减数分裂的时候，形成的花粉中的染色体数目往往是非整倍的，而含有非整倍染色体的花粉都是不育的，不能结出正常的种子。这就是无籽西瓜之所以无籽的原因。

那么，三倍体无籽西瓜是怎么生产出来的呢?首先，科学家们利用了一种化学药剂——秋水仙素去处理普通的二倍体西瓜的幼苗，使它们的染色体数目加倍，形成同源四倍体，四倍体植株的气孔大，花粉粒和种子也较大;然后利用同源四倍体西瓜为母本，与作为父本的正常二倍体西瓜杂交,结果在四倍体的植株上就结出三倍体的种子;三倍体种子种下去后就长出三倍体植株来。由于三倍体的同源染色体有三套,在减数分裂后期,配子染色体组合成分不平衡,使染色体不能正常联合,这样就导致了花粉不育。由于三倍体植株的花粉不育,所以,三倍体植株上所开的花,一定要用二倍体植株的花粉来刺激,这样才能引起无籽果实的发育。这就要求在田间种植无籽西瓜时,必须把三倍体与二倍体相间种植,以保证有足够的二倍体植株的花粉传播到三倍体植株的雌花上去。事实上,无籽西瓜也并不是完全没有种子,只不过是它们的种子发育不正常,只形成像嫩黄瓜籽一样的小而白的种皮,吃起来有无籽的感觉,所以叫无籽西瓜。

　　既然无籽西瓜自己不能产生正常的种子,那么它们又如何来繁衍后代呢?既然无籽西瓜的苗来源于三倍体的种子,而这种三倍体的种子却非三倍体西瓜所生,那该怎么办才能保证年年可种无籽西瓜呢?目前解决这个问题的办法,只能是年年制备三倍体西瓜的种子。

　　其实,多倍体现象在植物界中是广泛存在的。除了我们熟悉的无籽西瓜外,目前已知在被子植物中至少有三分之一的植物是多倍体,如三倍体香蕉、三倍体杜鹃花、三倍体甜菜,等等。三倍体杜鹃花因为不育,所以开花时间特别长;三倍体甜菜则比较耐寒,含糖量和产量都较高。多倍体植物在生理功能、形态发育、产量和品质等方面,都发生了巨大变化,并有可供人们利用的优良性状。现在,多倍体植物已经引起细胞工程学者们的广泛注意,多倍体育种技术也已成为细胞工程领域的重要技术之一。利用这一技术,人们可以在短时间内培育出许多多倍体品种来。在蔬菜育种中,多倍体育种不仅用于选育丰产、优质新品种,获得无籽果实和创造新物种,还可作为克服远缘杂交不育和杂种不育性的有效手段。

多倍体育种技术的历史，可追溯至 1916 年。当时一位名叫温克勒的学者，在番茄与龙葵的嫁接试验中发现，由愈伤组织长成的枝条中有番茄的四倍体。后来，另两位名叫布莱克斯利和埃弗里利的学者，用秋水仙素诱发蔓陀罗四倍体获得成功。从那以后，世界各国科学家相继开展人工诱发多倍体的试验研究。1947 年，日本学者木原均和西山市三发表了名为《利用三倍体选育无籽西瓜之研究》的论文，报道了三倍体无籽西瓜选育成功。1959 年，西贞夫等人利用四倍体结球甘蓝和四倍体白菜杂交，成功地育成双二倍体新种——"白蓝"。目前，已有 1000 多种植物获得了多倍体。我国于 20 世纪 50 年代开始多倍体育种的研究，70 年代以来，已在蔬菜多倍体育种领域取得许多重要进展，先后培育出三倍体、四倍体西瓜，四倍体甜瓜以及萝卜、番茄、茄子、芦笋、辣椒和黄瓜等蔬菜的多倍体材料。

诱发多倍体的方法主要有物理法和化学法两种。物理的方法包括各种射线、异常温度、高速离心力、高温处理等；化学法是用秋水仙素、水合三氯乙醛、笑气、富民隆等化学药剂处理。目前被广泛采用的主要是秋水仙素，它诱发多倍体的成功率最高。经秋水仙素处理后，正处于有丝分裂的植物细胞染色体虽然进行了加倍，但细胞并未分开，因此，细胞内的染色体数成倍增加，此后，细胞再进行分裂就形成了多倍体。若是加倍发生在配子形成过程中，则配子变为二倍体。这种不进行减数分裂的雌雄配子结合后，也就产生了多倍体。

从系统进化的角度看，不同来源的染色体组相结合，即异源染色体组结合和多倍体化，不仅代表了植物进化的总趋势，而且也体现了作物进化的大方向。随着异源染色体组的结合和多倍体化的发生，作物产量也随之大幅度提高。当前世界上的主要粮棉油作物——小麦、棉花、油菜，都是经历了从二倍体向异源多倍体进化的道路。异源多倍体化，带来了基因组间的杂合性,使基因组容量增大,遗传变异范围更广,对不利因素影响的耐受力增强,进而带来高产和稳产的根本变化。在这方面,普通小麦是作物进化的一个经典。它从一粒小麦(二倍体)经由二粒小麦(异源四倍体)到普通小麦(异源六倍体),使一粒小麦由野草进化到具有较高产量和一定适应范围的二粒小麦(硬粒小麦),进而演化到产量大幅度提高、适应性更广的普通小麦。染色体倍性的增加,不仅带来了产量大幅度增加的根本性变化,而且产生了丰富的多样性。目前,小麦已成为世界上第一大作物,不仅栽培面积最大,而且保藏种质数也是各作物之首。此外,甘蓝型油菜、芥菜型油菜,以及陆地棉和海岛棉的进化历程也与此相似。

其他多倍体品种,如异源八倍体小黑麦,它原先在自然界并不存在,是科学家采用多倍体育种方法,将普通小麦(6n)与黑麦(2n)杂交,并用药剂将所得到的杂交种的细胞染色体数目加倍,使杂交种成为八倍体,然后选育出的一种新品种。由于这种小黑麦的细胞染色体来源于不同属、不同种的父本和母本,所以叫做异源八倍体小黑麦。异源八倍体小黑麦在适宜地区栽种,具有产量高、抗逆性和抗病性较强、耐瘠耐寒、发酵性能好的特点,而且,秸秆可作饲料,用于发展沼气和家庭饲养业。这种小黑麦在我国西南、西北、华北等地试种和推广,收到了良好的增产效果。实践证明,异源八倍体小黑麦在我国一些小麦产量很低的高寒、干旱和盐碱地区,有着广阔的发展前景。

以上种种事例说明,异源多倍体化不仅仅给某一种作物带来产量的大幅度增加,而且给许多种作物带来遗传变异范围更广、产生多样性更丰富的结果。当然,异源多倍体也常因生理上的不协调而会造成结实率低、籽粒不饱满的问题,使得人们所创造的许多异源多倍体品种无实用价值。但是,随着科技水平的提高,可以坚信,多倍体育种的前景是广阔的。

多倍动物

这些年来，在我国南方一些城市的菜场上出现一种鱼。从外形上看，这些鱼同普通的鲤鱼和鲫鱼并没什么两样，其价格却比普通的草鱼贵2~3倍。尽管如此，只要这种鱼一上市，"工程鱼"的牌子一挂上，马上就被人们抢购一空。看到这种情景，人们不禁要问：为什么这种鱼如此受到人们的青睐呢？

让我们走进多倍体动物的世界里去。

一般来说，自然界中绝大多数植物和几乎所有的动物都是二倍体生物，但多倍体动物是否存在呢？如果存在，这些动物是自发产生的，还是人工培养而来的呢？多倍体动物相对于普通动物，又有什么优点呢？

相对于植物而言，动物界的多倍体现象就较为稀罕了。美洲角蛙是最先发现的多倍体动物，它具有四套染色体，又称为四倍体。以后，科学家们又陆续在低等动物中发现一些多倍体动物。例如，鱼类中有一些银鲫的种群，就是天然的三倍体。它们的繁殖方式与众不同，是以一种名为"雌核发育"的形式来生儿育女的。子女辈小鱼的遗传物质只来源于母亲，却不带有父亲的任何基因。

那么雌核发育到底是怎么一回事呢？原来，雌核发育就是一种假受精现象。精子虽然能像模像样地钻入卵子中，并激活卵子，但是精子只是做了一个假动作，并没有真心真意地与卵子融合，更没有贡献出自己的染色体来共同参与卵球的发育。因此，从遗传学的角度看，由于遗传

87

物质只来源于母亲,因此雌核发育与单性发育相似,唯一不同的是后者不需要精子刺激卵球发育而已。

目前,大部分多倍体动物都是通过人工诱导的方法产生的。多倍体动物的诱导,一般多采用物理法和化学法。物理法又分冷休克、热休克、水静压等;化学法则使用细胞松弛素 B、秋水仙素、咖啡因、高 pH—高钙溶液等试剂处理受精卵。用这两类方法处理受精卵,目的都在于阻止合子减数分裂时第一极体或第二极体的释放,从而达到染色体组加倍的要求。经验证明,处理开始时间、处理强度(温度、压力或药品浓度的高低)、处理持续时间是诱导多倍体的三要素。三者达到最佳组合,诱导培育的多倍体就能达到畸形率低、倍化率高、成活率高的目标。

此外,还可以通过杂交方法,如采用类似于无籽西瓜的培育方式,来诱导动物三倍体。这种方法常常通过先大量诱导四倍体并培育到性成熟,然后再将四倍体与正常的二倍体进行"婚配",生产出三倍体的子女。这种方法尤其适合于水产养殖动物。

那么,为什么人们要想尽办法培育多倍体动物呢?原来,多倍体动物具有生长速度快、成活率高及抗病能力强等特点,能带来可观的经济效益。更重要的是,多倍体动物往往体形彪悍,有"巨型化"的趋势。设想一下,如果人们能培育出像大象一般高大的牛,像鹅一般大的鸡,那该为我们的农业发展带来多大的利益啊。事实上，许多经诱导产生的多倍体动物，不仅个儿高大，而且身强力壮，例如，三倍体的草鱼、锦鱼、兰罗非鱼的生存力和生长速度，都要大于天然的二倍体鱼。

多倍体动物的另一个特点是高度不育，生产上可以利用这种特性提高养殖效益。比如，鱼类和其他动物一样，在它的一生中要经历"孕育——生长——繁殖后代"三个阶段。在池塘养殖中，鱼类生长成熟后，就要把从饲料中摄取的营养用来发育其生殖腺——精巢或卵巢。在这个时期，鱼的身体生长就会停滞，造成产量下降。而且，有的鱼类在怀卵、产卵期间，母体体色变得灰暗，无光泽，作为商品鱼的价值就要降低。为此，科技人员用鱼类三倍体操作技术，把二倍体的小型优质鱼——塘虱鱼(学名胡子鲶)，变成三倍体。这种人工三倍体塘虱鱼，比天然二倍体鱼生长快28%，个体均匀，体色亮泽，性腺不发育或发育不良，投喂的饲料都用于鱼体生长增重。显然，这样养成的鱼，其经济效益和品质明显比二倍体优越。

此外，多倍体还能增加肉含量和肉中的营养成分，使之具有独特的风味等特点。比如，三倍体虹鳟的鱼肉质量和口味，明显优于二倍体；三倍体大西洋鲑可以耐低氧，可适应在低氧环境中生活，从而降低养殖成本。

如今，人工诱导多倍体技术已日趋成熟，并成为低等经济动物育种的主要技术之一，其成果已应用于生产实践，取得了良好的经济效益。在美国，三倍体牡蛎已经成为牡蛎养殖中的重要品种，且已达到商品化生产水平。1994年，美国西海岸的牡蛎种苗是三倍体，虽然三倍体牡蛎的生活力与二倍体不相上下，但体形比二倍体大13%~51%。

我国三倍体诱导和培育技术也方兴未艾。鲍，又名鲍鱼，是驰名世界的海产八珍之一。它贝壳坚厚，壳为"石决明"，是眼科用药；鲍肉营养丰富,美味可口,能明目养颜;鲍壳内面富有珍珠光泽,华丽多彩,是贝雕等工艺品的优质材料。世界鲍产量每年约 2~3 万吨,但自 20 世纪 70 年代始,产量有下降趋势。由于产量不敷需求,鲍的价格居高不下。以香港市场为例,一席全鲍宴高达 6 万港元。由于鲍鱼的高经济价值,我国科学家选择台湾产的九孔鲍诱导培育三倍体,经过多年的努力,取得了丰硕成果。从育苗到商品鲍整个生产周期,只需约 1 年或 14 个月,比自然海区的生长周期大大缩短,并显示出很强的竞争优势。

总之,利用多倍体育苗技术,对海水养殖的贝、虾、鱼类等重要经济品种进行遗传改良,培育生长快、品质优、抗逆能力强的新品种,将具有十分广阔的前景。

生物导弹

我们知道,军事上利用导弹来定向导航以击毁目标;而生物导弹是因能引导药物定向和有选择地攻击癌细胞而得名的。现在,它已成为治疗、诊断癌症等多种疾病的重要武器,是细胞工程中的一朵新花。肿瘤常常让人"谈癌色变",但糟糕的是,它却恰恰是现代社会的常见病和多发病。各国已经投入了大量的财力、物力和人力进行研究,但至今为止,肿瘤的治疗仍让人头痛。通常,肿瘤细胞一旦形成,就不会自行消失。肿瘤细胞会不断增殖、生长,形成越来越大的和到处扩散转移的肿块,耗竭机体营养,混乱器官功能,最终导致机体死亡。

说"生物导弹",必须从免疫说起。我们知道,人和动物都有免疫系统,要是有外来的病菌入侵,机体就会产生出抗体,把病菌消灭掉,这就保障了身体的健康。人体里产生抗体的是 B 型淋巴细胞。那么,能不能用 B 型淋巴细胞来生产抗体,用它来给人治病呢?遗憾的是,人体内的 B 型淋巴细胞是有限的,况且它没有繁殖能力,不能传宗接代,因此也就不能生产出大量的抗体。

不过,有一种细胞的繁殖力非常强,可以说能够无限地繁殖,这就是可怕的癌细胞。1975 年,英国科学家米尔斯坦利用当时刚刚出现不久的细胞融合技术做了一个大胆的实验。什么叫细胞融合技术呢?它是将两种细胞去掉细胞壁(指植物细胞壁,动物细胞没有壁)后成为原生质体,在聚乙二醇等融合因子的作用下,两种细胞的原生质体可以融合在一起,这就是细胞融合技术。米尔斯坦把 B 型淋巴细胞和一种骨髓癌细胞融合在一块,形成了杂交瘤细胞。然后,他把这种奇怪的杂交瘤细胞进行培养,让它繁殖,并且观察它的活动。

这真是一个奇妙的实验,一种是保护身体的 B 型淋巴细胞,而另一种却是危害身体的癌细胞,二者居然能够融合在一块。结果,这种杂交瘤细胞大量地繁殖起来,并且产生出了抗体。这就意味着,这种杂交瘤细胞既保持了癌细胞能大量繁殖的特点,又具有 B 型淋巴细胞产生抗体的能力。科学家们把这种杂交细胞产生的抗体叫做单克隆抗体。

为什么叫单克隆抗体这么个古怪的名字呢? 命名中克隆这个词,是从英文单词 clone 音译过来的,这个词的意思就是无性繁殖。大家知道,动植物的传宗接代,很多是采取精卵结合的方式来进行的,这叫做有性繁殖;而有的植物是通过压条和扦插等方法来繁殖的,这属无性繁殖;还有的细胞不通过有性繁殖而通过自身的不断分裂来产生许多后代,这也属无性繁殖,这样构成的一大群细胞就叫做一个无性繁殖系。这个过程英文就叫做克隆。前面所说的杂交瘤细胞实际上就是由一个细胞分裂而成的一大群细胞,所以也是一种克隆。

我们知道,动物体内一般有上百万种 B 型淋巴细胞,每一种细胞可以识别一种外来的敌人,然后分泌出对抗它的抗体。过去人们从血清中提取抗体,这是由各种 B 型淋巴细胞产生出来的,是多种抗体的混合物,叫做多克隆抗体。这种抗体成分复杂,也不容易大量生产。如果把能分泌某种特异抗体的一个 B 型淋巴细胞挑出来进行单个培养,那么它产生的只有一种抗体,专门对付一种敌人,这就称单克隆抗体。

单克隆抗体的产生使人类获得了一种对付疾病的有力武器。所以,从它诞生起,就给免疫学带来了革命性的变化。

应用单克隆抗体最多的是医学领域,目前科学家已研制出了很多应用在疾病的诊断和治疗上的单克隆抗体。用单克隆抗体来诊断疾病，不但非常准确，而且可以大大缩短诊断时间。例如，诊断淋球菌和疱疹病毒等引起的感染，普通的化验方法需要 3~6 天，而采用特异的单克隆抗体进行诊断只要 15~20 分钟。又比如对脑膜炎的诊断，过去要抽取病人的脊髓，然后培养观察，看看有没有病原菌，这不但要使病人遭受痛苦，而且要等好几天。现在把引起脑膜炎的病原菌的单克隆抗体做成乳胶球，用它来测定病人的病原菌样品，只要 10 分钟就可以做出诊断。

单克隆抗体在癌症的早期诊断上也可以发挥很大的作用。早期诊断对于癌症的治疗是很关键的。如果能够用癌细胞作为抗原，制造出专门识别癌细胞的单克隆抗体，再跟同位素标记技术相结合，就可以跟踪探测人体有没有癌细胞，还能找出癌症病灶的位置和大小。

目前，人们已经把单克隆抗体诊断技术简化了，做成了各种诊断试剂盒。美国、日本、中国等国家均制造了多种单克隆抗体试剂盒，产品已投放市场。

单克隆抗体对人们的更大吸引力还在于它对癌症的治疗有很大作用。单克隆抗体进入人体以后，能够定向地识别某些癌细胞，并且跟癌细胞结合。科学家们就利用这个特点，在单克隆抗体上接上一些能够杀伤癌细胞的药物，如放射性同位素、毒素和化学药物等，这样，单克隆抗体就像导弹那样，能够准确地找到癌细胞并且把癌细胞杀死。为什么把它叫"生物导弹"，道理就在于此。

人们都知道，癌症患者在治疗过程中，碰到的最大难题就是在采用药物或者放射性治疗的方法杀伤癌细胞的同时，也杀死了人体大量的正常细胞，这会使人体受到严重的损害，病人往往出现头发脱落、恶心、衰弱等现象，有的癌症患者因承受不了而不能继续治疗。所以，科学家一直在寻找一种能够专门杀伤癌细胞而不损害正常细胞的治疗方法。单克隆抗体这种"生物导弹"的出现就解决了这个难题，给病人带来了福音。

现在,这方面已经有了成功的例子。例如,美国约翰·霍普金斯医院的一位医生,把放射性碘安装在单克隆抗体上面,然后注射到晚期肺癌病人的身体里,获得了很好的治疗效果。据报道,这种方法没有产生副作用,患者没有出现脱发、恶心等现象。这说明,单克隆抗体可以定向导送药物,杀死癌细胞而不损害正常细胞。又例如,英国剑桥大学分子生物学实验室的学者在利用单克隆抗体治疗血癌病上面取得了新突破。

我国科学家也已经研制出了十多种肺癌单克隆抗体,试验证明,这些单克隆抗体对肺腺癌和肺鳞癌表现出良好的专一性反应。这就是说,它能够准确地认出肺癌细胞并且和癌细胞结合。这就为今后利用这种技术治疗癌症打下了基础。

目前,用生物导弹治疗癌症的工作正处于研究阶段,还有种种问题需要进一步研究解决,离实际推广应用还有一定的距离。

单克隆抗体不但在医学上大显身手,而且在工业和农业上也有广阔的应用前景。在发酵工业上,利用单克隆抗体及其抗原反应强的特点,可以对发酵后纯度不高的产品进行提纯。例如,有一种治疗病毒性疾病的干扰素,可以用它作为抗原制造出具有特异性的单克隆抗体来提纯粗产品。用这种方法,一次就可以使产品纯化 5000 倍。还有人用这种方法提纯尿激酶,也获得很好的效果。尿激酶是治疗心肌梗塞的特效药,在 100 毫升的人尿里,这种酶的含量只有 10^{-6} 克。若用普通的提纯方法,要经过非常繁杂的过程,才能从大量的人尿里提取出一点点来,而把能专门跟尿激酶结合的单克隆抗体装成一根吸附柱,再让尿从这根吸附柱通过,其中的尿激酶就被吸附住了,这样一次就能够得到纯度很高的尿激酶。

在农业上,用单克隆抗体诊断和治疗农作物及家畜的疾病也有巨大的潜力。目前,科学家们已研制出很多农作物病毒的单克隆抗体,比如烟草花叶病毒、苹果花叶病毒、柑橘溃疡病毒等。还有好多种家畜病毒的单克隆抗体也已研究成功，如马的传染性贫血病病毒，牛的白血病病毒、口蹄疫病毒、牛腹泻病毒等二十多种单克隆抗体。这为今后诊断和治疗农作物和家畜疾病提供了便利。

总之，杂交瘤技术产生的"生物导弹"——单克隆抗体目前还处在开发研究阶段，还有许多问题需要进一步深入研究解决，但我们深信，它将是制服癌症和艾滋病等疑难病症的有力工具，对工农业生产也将会产生重大影响。目前，治疗肿瘤的主要方法是手术切除和化学药物或放射性杀伤。在化疗及放疗中，如何提高选择性，减少对正常细胞的杀伤，是减少副作用、提高疗效的关键。单克隆抗体具有精确的细胞定位能力，这种特性可以用来指导化学药物或放射线的选择性。这也就是通常所说的"生物导弹"。近20年来，科学家们对抗肿瘤单抗药物做了大量研究，目前已开始进入临床试用。

由单克隆抗体研制而成的"生物导弹"由两部分组成，一是"瞄准装置"，它由识别肿瘤的单克隆抗体构成；二是杀伤性"弹头"，它由放射性同位素、化学药物和毒素等物质构成，它们都有很强的杀伤细胞作用。将这样的"导弹"注入体内，药物会特异性结合于肿瘤细胞表面，选择性杀伤肿瘤细胞，而很少影响正常细胞。

制造生物导弹首先要解决的是瞄准装置的准确性问题，即单克隆药物要对肿瘤细胞相关靶点具有特异性作用。科学家对各种肿瘤细胞表面进行了详尽的研究，从中选择出肿瘤细胞特有的分子结构，常用的有肿瘤细胞癌基因表达蛋白以及结构变异的生成因子受体。

需要指出的是，上述肿瘤相关靶点并没有通用性。对于不同的肿瘤，需要制备各不相同的生物导弹。如目前已批准进入临床应用的Rituxan，是以B淋巴细胞表面的CD20分子为靶点，这种分子在非霍奇金氏 B 细胞性白血病大量表达;Herceptin——另一种抗乳腺癌的生物导弹,瞄准的是乳腺癌细胞表面的 HER-2/neu 癌基因编码蛋白。处在动物试验研究阶段的还有:针对霍奇金氏淋巴癌 CD30 受体的生物导弹、针对脑瘤转铁蛋白受体的生物导弹、针对脑胶质瘤表皮生成因子的生物导弹等。

那么,是否可以提高靶点的通用性,使一种生物导弹适合于广泛的肿瘤细胞?这正是目前科学家积极研究的方向。由于肿瘤生成需要大量的血液供应支持,肿瘤常伴有癌变局部血管生成。如果限制相应的新血管生成,肿瘤则不能发展。因此,近年来十分关注以血管内皮细胞增殖相关因子为目标的单抗药物,如以血管内皮生成因子为分子靶点,所制成的药物,已在动物实验中用于治疗多种肿瘤。

除了细胞表面的标志分子, 癌细胞的侵袭转移行为还与细胞间填充物, 即称为细胞外基质的成分有关。该成分中的金属蛋白酶活性增高,有助于肿瘤的扩散。因此,科学家也在考虑创造金属蛋白酶抗体的生物导弹,如能成功,就可能对肿瘤的转移有广泛疗效。

单抗将药物引导到癌细胞表面后,需要"弹头"杀伤肿瘤细胞。目前使用的"弹头"有生物毒素、化学药物、放射性核素等。

抗肿瘤单抗与生物毒素的交联物称为免疫毒素。生物毒素主要有植物的毒蛋白和细菌分泌的细胞毒素, 前者包括蓖麻毒素、相思子毒素、苦瓜毒素、商陆抗病毒素、天花粉毒素等,它们可使细胞内的蛋白质合成"机器"——核糖体失去活性,从而杀伤靶点细胞;后者包括白喉外毒素、绿脓杆菌外毒素等,它们也能阻断细胞的蛋白质合成,杀死靶细胞。这些生物毒素效力极强, 如一个分子的蓖麻毒素就可杀死一个细胞。因此,由它们制成的免疫毒素是目前最受关注的生物导弹。

抗肿瘤单抗与抗癌化学药物的交联物,称为免疫交联物。这类药物包括阿霉素、桑红霉素、平阳霉素、长春碱、氨甲喋呤等，它们主要通过阻断 DNA 合成来杀死靶细胞。抗癌药物的杀细胞作用不如生物毒素，但导致的非特异性杀伤也较小，而且分子小，易于穿过血管壁达到组织。它们也是目前正在研究的一类生物导弹。

与抗肿瘤单抗交联的放射性核素主要有 I^{125}、I^{131}、I^{111} 等。它们形成放射免疫交联物后，标记了大量交联核素的抗肿瘤单抗结合于肿瘤细胞，发生辐射，损伤并杀死靶细胞及周围的肿瘤细胞，这称为放射免疫治疗。此方法还可用于肿瘤诊断。放射免疫交联物与肿瘤细胞结合后，发出 7–射线，可通过摄影获得清晰的肿瘤显像。放射免疫交联物的研究，是目前十分活跃和前景广阔的领域。

"弹头"和"瞄准器"的交联，也是需要考虑的问题。连接后的单抗和药物仍然需要保持原有的活性，而不能失效，这意味着连接位点必须选择在上述分子作用的关键区域之外。

"生物导弹"是如何发射的?这也是一个令人关心的问题。目前，单抗药物一般均为静脉注射给药。药物经血液运输到肿瘤组织后，要穿过血管壁才能达到肿瘤细胞。单克隆抗体和各种毒素相对分子质量都很大，穿过血管壁会受到明显阻挡。因此，目前正设法减小导弹分子的大小，即将单克隆抗体中无关的部分切去，只留下直接起作用的片段。这种较小的生物导弹对血管壁穿透能力强，能增加它们到达肿瘤组织的数量。

单抗药物进入体内后，由于单克隆抗体的导向，肿瘤组织局部浓度远高于周围正常组织，但正常组织仍会结合少量的单抗药物。由于肿瘤组织在全身仅占极少体积，最后能够达到肿瘤细胞的药物量仍很有限。如何设法提高肿瘤组织的摄取比例，使药物既能增加作用的特异性，又减少非特异性杀伤，是当前需要解决的问题。目前的研究表明，提高单抗药物在肿瘤局部的选择性，可用"抗体导向的酶活化"方法，即先使"弹头"

处于无活性状态,而只有在到达了肿瘤部位后,才使它被酶催化活化。

此外,高效"弹头"的研制,也是目前研究的一个方向。单抗药物进入体内后,能够实际到达肿瘤细胞的数量有限。为了取得良好效果,单抗药物需要高度有效化,使得即使仅有微量的交联物到达靶部位,也就可以杀伤肿瘤细胞。更高效弹头的研制,通常是在一个抗体分子上连接十几个或几十个毒素分子,从而使杀肿瘤效力大大提高。

以抗肿瘤单抗药物制成的"生物导弹",能准确地将"弹头"引导到肿瘤细胞表面,经过多年的研究,解决了一系列技术困难后,近年已开始进入医院实际应用。肿瘤病人的治疗,将又上一个新台阶。

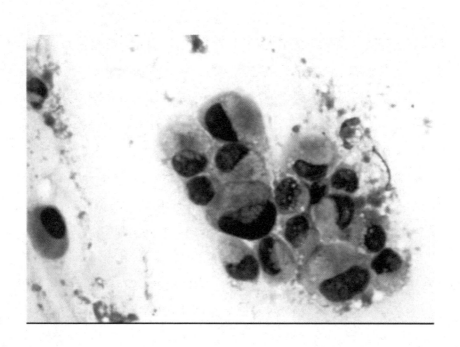

基因工程

　　基因工程又称为基因重组工程。形象地说即对基因进行剪、粘、载、住等四步简单的处理。科学家先利用限制性内切酶将载体 DNA 剪切开。一般在细菌基因改造时经常使用的是一种称为"质粒"的小型 DNA 环。接着,科学家又利用限制酶将目的基因从其他生物的基因组中切割出来。要注意的是,两次使用的限制酶往往是同一种酶,或者两种不同的酶却可以切割出互补的"尾巴"即黏性末端。只有这样,下一步使用连接酶将目的基因与载体 DNA 相连时,两段 DNA 因为有着互补的黏性末端便可以有效地连接成一条完整的 DNA 链。载体上已经含有目的基因了,那么如何将它送入宿主细胞内?目前有以下几种方法:第一种是转型法,即使用一些能把外源基因密集聚合在细菌或细胞表面的盐类溶液,让细胞们快速而且欣然接受所有的 DNA。第二种是原生质融合法,即利用电压穿孔或温和化学溶解处理,让欲改造的细胞及携带有外源基因的细胞表面,产生一些暂时性的孔疏现象,然后再让它们紧密地依偎在一起,相互交换遗传物质,便达到改造目的。第三种是基因枪法,即把外源基因涂覆在微细金属粒子上,而后利用高压气体推动,将金属粒子打进动植物细胞核内。第四种是病毒载体或反转录病毒法,即利用病毒具有感染力,将病毒的毒性削弱到某种程度,或是剪除致病的基因,留下具有感染力的基因,就可以利用病毒酶感染力,把其所携带的外源基因送入细胞内。第五种是显微注射法,即直接使用一支非常纤细的玻璃针头,把装载有外源基因的液体注入到细胞核内。该方法需要在显微镜下操作,不仅技术要相当高超而且要有极大的耐心。

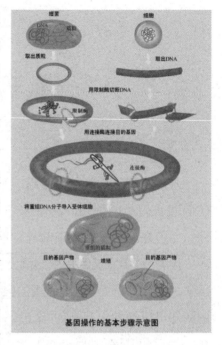

基因操作的基本步骤示意图

注射后,细胞核看起来会有点肿胀,好像被蚊子叮过一样,不过几个小时以后,细胞会若无其事地开始表现新加进来的外源基因。第六种是精子载运法,即先将精子与外源基因放在一起,让外源基因混入精子,使其产生融合(转型作用),再将转型的精子在体外与卵子结合,待育成胚胎后,送入子宫孕育。有时单单应用前述某一种方法,成功率往往不大理想,这时可以考虑组合以上数种方法,联合变化使用。事实上,把基因送入目标细胞的技术,不断有各种新创意方法或辅助仪器设备出现,而这些都是为了更快速、更精准地改造生命。

基因工程是改造生命、复制生命的基础,但绝不是像许多人想像的那么深奥。科学家利用"剪刀"、"粘胶"、"运载工具"、"宿主"来完成改造基因并使其表达工作。如用电脑写文章,一定会使用剪、贴、拖曳、储存等功能,而这几个动作与基因工程中的四步则有异曲同工之妙。

DNA 的真面目

生物的性状为什么能稳定地代代相传?DNA 是如何管理着数量巨大的生物性状?这一系列问题，直到 20 世纪 50 年代初仍然是个谜。看来,不彻底揭开 DNA 结构之谜,生物的遗传问题就仍然是迷雾重重。于是,一场由生物学家、物理学家等参与的协作攻关战打响了。

最终的胜利者包括年轻的沃森和克里克,但像威尔金斯、富兰克林等杰出科学家的出色工作我们也不应忘记。

到了 20 世纪 50 年代初, 关于核酸的研究有两个突破性的进展,对人们认识核酸分子结构起了关键作用。

一个是奥地利生物化学家查伽夫通过精密测定, 发现核酸的碱基之间存在奇妙的定量关系。任何生物细胞中, 碱基 A 和 T 数目相等,C 和 G 数目也相等;同一种生物中,无论年老年幼,何种器官,它们的核酸碱基比例都相同,即 A+T/C+ G 永远是恒定的。这种数字关系说明了什么?当时查伽夫并没有搞清楚,众多的生物学家也没有解开这个谜团。

看来，仅仅靠生物学和化学分析的方法是不能看到 DNA 的真面目的。幸好，从 20 世纪 40 年代开始，一大批优秀的物理学家加入了寻找 DNA 真面目的队伍。他们之中的优秀代表包括富兰克林、威尔金斯等等，为发现 DNA 结构做出了重要的贡献。

在这里，我们要特别提到英国著名的女科学家富兰克林。这位剑桥大学毕业的高材生，研究范围相当广泛，30 岁的时候就已经是一位很有名气的物理化学家、结晶学专家和 X 射线研究方面的专家了。富兰克林等首先将 DNA 分子进行结晶处理。然后利用一种特殊的物理手段，即 X 射线衍射技术，看到了 DNA 分子的大致模样。他们推测 DNA 大分子是多股链、螺旋形，在其内部，碱基的排列是有一定规律的。其实，富兰克林此时离揭开 DNA 结构之谜只有一步之遥了。

正是富兰克林和威尔金斯的 X 射线衍射结果，帮助沃森和克里克最终完成了 20 世纪最重要的发现之一——DNA 双螺旋结构。

1953 年初的一天，一个头发微微散乱、面容略带倦意的年轻人一头闯进了实验室，他兴奋地举起手中他刚做好的模型大声喊道："就是它了。"这个名叫沃森的美国青年科学家确信自己证实了一个天大的秘密——DNA 双螺旋结构。他手中所展示的模型犹如一条凌空翻舞的彩绸，是那么舒展自如、轻松和谐，比起不久前他和英国同伴克里克的模型要完美多了。

沃森和克里克得到这个合理的、完美的 DNA 模型喜不自禁，立即着手写成一篇论文发表在 1953 年英国的《自然》杂志上。这两位富有开拓精神的年轻科学家经过艰苦的努力，终于在众多的竞争者中捷足先登，揭开了 DNA 结构之谜，从而完成了 20 世纪最重要的发现之一。

按照沃森和克里克的假设，DNA 大分子是由两条长长的链组成的，这两条链呈双螺旋结构存在，就像一座两边有扶手、绕着同一假想的竖轴上升的楼梯。磷酸和核糖构成了楼梯的扶手,扶手之间的阶梯由一对对"手拉手"的碱基组成,碱基一共有 4 种,代号分别为 A、C、G、T。碱基之间的搭配是固定的,A 和 T 配对,C 和 G 配对。这种碱基配对非常专一,但不是死死地缠在一起,而是轻轻地靠氢键连接,也就是我们前面说的"手拉手"。在必要的时候,它们会松开拉着的"手",重新去选择新朋友,但原则不变,仍然是 A 和 T 配对, C 和 G 配对。

DNA 双螺旋结构模型的提出,震撼了生物学界的科学家们。它既和当时其他科学家得到的有关 DNA 的研究资料一致,又能解释生物稳定遗传的现象。1962 年,沃森、克里克和威尔金斯因此共获诺贝尔生理学或医学奖,而富兰克林却因过早离开人世以及其他一些原因,未能享受这一殊荣。

基因与控制遗传

　　性状的表现不是一个基因的效果，而是若干个或许多个基因以及内外环境条件综合作用的效果。

　　从1940年开始，遗传学家比德尔和美国的生物学家塔特姆合作，用红色面包霉做材料进行研究。他们发现它有很多优点，如繁殖快，培养方法简单和有显著的生化效应等，因此研究工作进展顺利，并且得到了巨大的成果。他们用X射线照射红色面包霉的分生孢子，使它发生突变。然后把这些孢子放到基本培养基(含有一些无机盐、糖和维生素等)上培养，发现其中有些孢子不能生长。这可能是由于基因的突变，丧失了合成某种生活物质的能力，而这种生活物质又是红色面包霉在正常生长中不可缺少的，所以它就无法生长。如果在基本培养基中补足了这些物质，那么孢子就能继续生长。应用这种办法，比德尔和塔特姆查明了各个基因和各类生活物质合成能力的关系，发现有些基因和氨基酸的合成有关，有些基因和维生素的合成有关，等等。

　　经过进一步研究，比德尔和塔特姆发现，在红色面包霉的生物合成中，每一阶段都受到一个基因的支配，当这个基因因为突变而停止活动的时候，就会中断这种酶的反应。这说明在生物合成过程中，酶的活动是受基因支配的，也就是说，基因和酶的特性是同一序列的。于是他们在1946年提出了"一个基因一个酶"的理论，用来说明基因通过酶控制性状发育的观点，就是一个基因控制一个酶的合成。具体地说，每一个基因都是操纵一个并且只有一个酶的合成，因此控制那个酶所催化的单个化学反应。我们知道酶具有催化和控制生物体内化学反应的特殊功能,这样,基因就通过控制酶的合成而控制生物体内的化学反应,并最终控制生物的性状表达。虽然"一个基因一个酶"的理论既没有探究基因的物理、化学本性,也没有研究基因究竟怎样导向酶的形成,但是它第一次从生物化学的角度来研究遗传问题,注意到基因的生化效应,在探索基因作用机理方面是有很大贡献的。

但生物学家后来发现问题不是那么简单,基因有时并不控制酶的合成,而是通过控制蛋白质的空间结构,从而达到控制性状的目的,于是在此基础上,遗传学家和生物化学家又提出了"一个基因一条多肽链"的假说,一个酶是由许多多肽链构成的。这样若干个基因控制若干个多肽链,这些多肽链又构成一个酶,并最终控制生物性状表达。

近年来,许多实验室对真核细胞基因的分析研究表明:DNA上的密码顺序一般并不是连续的,而是间断的;中间插入了不表达的、甚至产物不是蛋白质的DNA,相继发现"不连续的结构基因"、"跳跃基因"、"重叠基因"等。这些研究成果说明,功能上下相关的各个基因,不一定紧密连锁成操纵子的形式,它们不但可以分散在不同染色体或者同一染色体的不同部门上,而且同一个基因还可以分成几个部分。因此,过去的"一个基因一个酶"或者"一个基因一条多肽链"的说法就不够确切和全面了。实际上,基因控制生物性状的遗传是非常复杂的,有直接作用,有间接作用,还有依靠一种叫做操纵子的东西来控制生物的遗传,甚至还受到环境的影响,等等。

(1)基因的直接作用。

如果基因的最后产物是结构蛋白,基因的变异可以直接影响到蛋白质的特性,从而表现出不同的遗传性状,从这个意义上说,可以看作是基因对性状表现的直接作用。

(2)基因的间接作用。

基因通过控制酶的合成,间接地作用于性状表现,这种情况比上述的第一种情况更为普遍。例如,高茎豌豆和矮茎豌豆,高茎(T)对矮茎(t)是显性。据研究,高茎豌豆含有一种能促进节间细胞伸长的物质——赤霉素,它是一类植物激素。赤霉素的产生需要酶的催化,而高茎豌豆的 T 基因的特定碱基序列,能够通过转录、翻译产生出促使赤霉素形成的酶,这种酶催化赤霉素的形成,赤霉素促进节间细胞生长,于是表现为高茎。而矮茎基因,则不能产生这种酶,因而也不能产生赤霉素,节间细胞生长受到限制。表现为矮茎豌豆。这个过程可大体这样表示:

基因→酶→赤霉素→细胞正常生长→高茎

又如某些矮玉米类型,它们之所以形成的生长素中含有氧化霉,使细胞延长受到限制从而表现矮生型。而正常的高品种玉米则没有这种氧化霉,生长素正常发挥作用。这个过程也可以这样表示:

基因→酶→生长素破坏→细胞延长受限制→矮茎

(3)操纵子学说。

操纵子是由紧密连锁的几个结构基因和操纵基因组成的一个功能单位:其中的结构基因的转录受操纵子的控制。

所谓结构基因是指决定蛋白质结构的基因,这是一般常说的基因。操纵基因对结构基因的转录有开、关的作用,操纵基因本身不产生什么物质。另外还有调节基因,通过产生一种蛋白质,来调节其他基因的活动,但调节基因不属于操纵子的成员。

(4)性状表现的复杂性。

基因作用与性状表现的关系非常复杂,这种复杂性是由于若干组因子的相互作用错综交织在一起产生的。

在最初的基因作用与最后的性状表现之间，有好多发育步骤和综合影响。性状的表现不是一个基因的效果，而是若干个或许多个基因以及内外环境条件综合作用的效果。

例如玉米的高或矮性状，至少涉及 20 个基因单位点，叶绿素的产生至少涉及 50 个基因单位点。有些基因对于某性状的形成可能具有原始作用，而其他一些基因则产生具有调节功能的生长调节物质，还有一些基因间接地影响性状，或是作为基因的多效性发生影响，或是作为一些修饰因子。另外，基因的作用效果受内外环境条件的影响。酶通常是在某一温度或某一酸碱度的范围内才具有活性：如果基因的作用、酶的作用、激素的作用都受环境的影响，可能的性状表现型确实会多种多样。

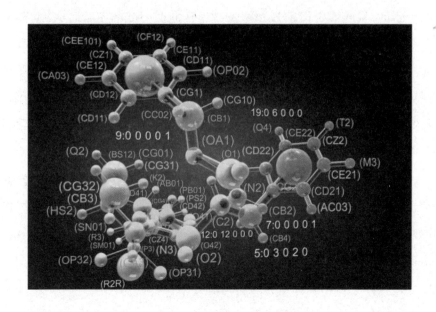

基因"突变"缘由

基因会突变吗?什么是"突变"?

所谓突变是指遗传物质突然发生显著变异的现象。突变可引起形态上或生理上较为明显的变异。1901 年和 1903 年,孟德尔定律的重要发现者之一、荷兰的遗传学家德·弗里斯发表了他的著作《突变论》第一卷和第二卷,首次提出了突变学说。他的突变学说指出了"不连续变异"的重要性,从此遗传学家开始把注意力转向对突变的实验研究,取得了巨大的成就。随着人类对基因认识的深化,对突变的研究也一步步深入。摩尔根学派的成员之一、摩尔根的学生穆勒于 1927 年第一次用 X 射线在果蝇中人工诱发了突变以后,人们对突变的研究开始达到高潮。研究发现,突变在自然条件下发生的频率较低,然而经过人工处理后突变率可大大提高。

突变可分为两类:一类为染色体畸变;一类为基因突变。这种突变产生的新性状一经出现,就可能遗传下来,育成新种。也就是说,自然界因此就增加了一个新的有显著区别的品种。染色体畸变又可分为染色体结构的变异和染色体数目的变异。

突变除了包括染色体畸变,还包括基因突变。基因突变是指染色体上某一定位点的基因本身所发生的变异。基因突变在生物界非常普遍,出现突变后的表现型种类很多。在自然情况下产生的突变称为自然突变或自发突变,结果就产生出等位基因。例如,原来的一对基因都是正常基因,后来其中之一受到某种诱发因素的影响,变成了异常的自化基因,它还占有原来的位置,和原来的另一个非自化的正常基因组成一对基因——等位基因,并且分别决定相应的性状。我们认识某个基因的存在,只有通过它的异常的等位基因。如果没有异常的自化基因,怎么会知道有产生黑色素的正常基因存在呢?也就是说,如果没有等位基因,也就没有遗传的变异,我们就无法知道基因的存在了。

基因突变的范围很广泛。就整个生物界来说,从病毒、细菌、原生动物直至高等动植物和人类都会发生基因突变。就一个个体来说,基因突变的范围也很广,包括外形、构造和生理机能等所有遗传性状都会发生突变。基因突变是产生等位基因的唯一源泉,是生物体变异的根本原因。

人类遗传中也有基因突变,最典型的例子是人类的 ABO 血型。人类 ABO 血型有 3 个复等位基因 IA、IB 和 i,从来没有发现过这 3 个基因突变。但在猿类中只有 I 和 IB 基因,没有 i 基因。可见 i 基因是在从猿到人的进化过程中产生的,是在进化过程中从一个基因突变而成的。从 1900 年发现 ABO 血型到现在我们未曾在人类中看到这个位点上发生任何突变,这个位点的突变频率看来非常低,在进化过程中极难得发生这么一个突变。

一般来说,个别基因的突变频率是很低的,因而随机选取某一基因作为样本,产生的错误可能是很大的。所以,遗传学家提出要用总的突变率来代替个别基因的突变频率。除了个别位点的基因突变率外,还要算出成群的有关位点的突变频率,所有这类位点的突变率的总和就是总的突变频率。据科学估计,人类一套二倍体(23 对染色体)至少含有 100000 个基因。如果每个基因平均突变频率为 3×10^{-5} 的话,那么一个人可能从他的父母的一方接受到新的突变基因的平均数是 $100000 \times 3 \times 10^{-5} = 3$。也就是说,每个人要从父方或母方接受到平均至少 3 个突变基因。这些突变频率的估计值,对于执行遗传任务的医师们是有一定用处的。

基因突变还有一个重要的特征,就是突变的可逆性。正常型基因 A 突变为它的等位基因 a,a 也可突变为原来的基因 A。如果把 A→a 称为正突变,那么 a→A 就叫做回复突变或反突变。现在已有人能用一定诱变剂使某个基因位点的突变发生回复突变, 这为治疗遗传病开辟了一个新的途径。正突变和回复突变的频率是不同的。假定正常基因 A 以速率(突变频率)突变为它的等位基因 a,又以速率 v 回复突变为 A,在群体中 a 的比例为 R,R=u/u+v。一旦 R 达到这样的值,即当它等于 A 的突变频率与 a 的回复突变率之和的比值,群体中 a:A 之比将不再变化,这时突变就达到平衡。突变的平衡性在群体遗传学中有重要的意义,回复突变这一事实就保证了生物的多态性。只要突变在两个方向发生的话,就没有一个基因能完全代替别的基因。

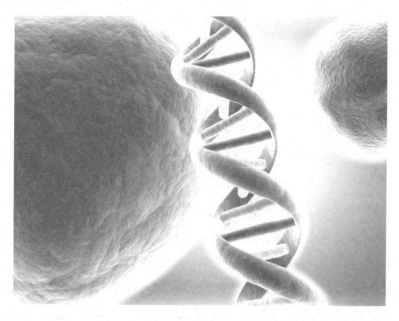

"钓出"基因

　　所谓"钓"基因,就是从生物的细胞(也叫供体细胞)中将所需要的"目的基因"提取出来,这是研究基因的重要的一步,也是进行基因工程的关键步骤。"巧妇难为无米之炊",拿到基因是分析基因的先决条件。

　　但是,从生物的细胞里分离基因是很不容易的。首先遇到的第一个难题是染色体上的基因数量太多。即使简单的单细胞生物,像细菌的染色体上也有数千种基因;多细胞生物的细胞里基因就更多了,有上万种基因,人就有 5 万~10 万个基因。这些功能不同的基因,在化学结构上都是由 4 种核苷酸组成的,性质极为相似,因此分开它们是很难的。第二个难题是每一种基因的数量又太少,比如血液中血红蛋白的珠蛋白基因,只占细胞染色体 DNA 的 1%。要从种类如此繁多、数量又这样稀少的基因中分离出我们需要的基因,犹如大海捞针,确属不易。

　　不过,科学家们自有妙法,经过一番探索,终于掌握了几种钓取基因的方法。概括来说,主要有两种方法:一种是从染色体上将基因分离出来;一种是人工合成基因。

　　从染色体上分离基因有几种方法。如果某种基因的数量很多,科学家们就采用"差速离心"的方法,提取这类基因。这是由于各种基因含有的碱基成分不同,重量不一样,可以通过离心机采取不同转数离心(也叫差速离心),这样便把"切"下来的不同基因分离开了,这是一种比较简便的方法。可是大多数基因数量很少,有的只有 1~2 个,分离钓取这类基因常用的有效方法叫"散弹射击法"或"切碎法"。这种方法实际上是将DNA用物理方法如超声波、挤压等，或者用内切酶切成一个个片段，然后将这些片段统统用基因工程方法转入细菌细胞中去，让其繁殖。根据基因所表现的特点，筛选出含有所需基因的新菌株，再从这些新菌株中回收基因。因为这种方法像用火枪打鸟似的，一枪打出许多散弹，总有一颗子弹会打中"鸟儿"——需要的基因，因此这种钓取基因的方法也叫"火枪打鸟法"。

还有一种用探针"钓"取基因的方法。大家可能对"探针"这个名词比较生疏，而对"探头"并不陌生。扫雷器就是用一种特殊的探头，探测地雷所在位置。而用于"钓"基因的探头，它的专业名字不叫探头，而叫"探针"。从名字上看，探针像一种针，实际上它不是针，而是一段特殊DNA片段。要"钓"出某个已知碱基序列的基因，人们就可以先合成一小段碱基序列，使它的碱基序列和要"钓"的基因某段关键的碱基序列有互补关系，也就是符合碱基配对原则。这段碱基序列就相当于"吸铁石"。为了好识别，还需要给这一小段碱基序列打上标记。标记有各种各样的方法，如果是放射性标记，就借助于放射自显影鉴定；如果是荧光标记，借助于荧光显微镜观察；如果是酶标记，就借助于化学反应来识别。这种带有标记的小段特殊DNA片段，就是基因探针。当我们把一种基因探针和众多基因的DNA片段混合在一起时，就可以"大海捞针"，这种探针就能特异地和它的目标基因相结合。由于它身上带有标记，科学家们便很容易知道要找的基因在什么地方，然后再采取一些措施把它分离出来。

我们再来看看人工合成基因，采用这种方法必须先搞清楚基因的核苷酸顺序。了解基因的核苷酸顺序，可以通过一种精密的仪器——DNA序列分析仪对提取出来的基因进行核苷酸序列分析。另一种通用的方法是,根据核苷酸和蛋白质氨基酸的对应关系,也就是按照遗传密码,从蛋白质的氨基酸顺序来推断基因的核苷酸顺序。比如一种脑激素蛋白质:

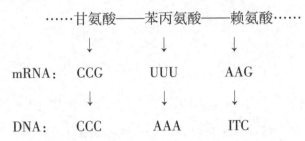

从蛋白质氨基酸序列推断基因的核苷酸顺序。通过分析知道它是由 14 个氨基酸按一定排列顺序构成的,根据三联体密码的规定,就可以推断它的基因的核苷酸顺序。一个氨基酸往往有多种密码,一般选用其占优势的密码形式,然后通过化学的方法,以单核苷酸为原料,合成出基因。采用这种方法,科学家们陆续合成了许多基因。

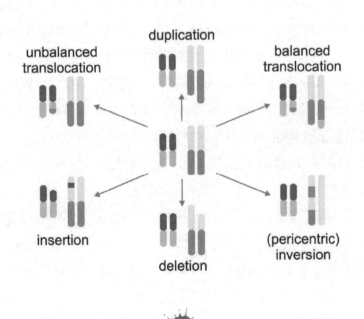

DNA 测序

　　人类基因组计划的一个主要任务是要测定人类基因组中 DNA 的核苷酸的排列顺序。由于遗传信息是以密码的形式体现在 DNA 的排列顺序之中，所以破译生命密码首先要了解和测定 DNA 的核苷酸排列顺序，因此，DNA 测序便成了探索生命奥秘的重要手段之一。

　　最初，测定 DNA 的核苷酸序列是非常难的事情，一是 DNA 分子十分巨大，提取过程中容易断开，不易得到完整的 DNA 分子；另外，即使得到不损坏的 DNA 分子，由于含有核苷酸太多，分析起来也十分困难；再有，过去没有找到特异地切开 DNA 链的内切酶，所以人们迟迟没有找到测序的有效方法。直到 20 世纪 70 年代发现了限制性内切酶以后，再加上采用同位素标记、放射自显影和凝胶电泳新技术，才出现测序方法的革新。正是在这方面，因为英国分子生物学家桑格与美国科学家马克希姆和吉尔布特的卓越贡献，他们获得了 1980 年诺贝尔医学奖。下面，我们先介绍 DNA 测序原理，然后再看看当今的研究进展。

　　我们先从"常规测序方法"开始，看看科学家们是怎么揭开 DNA 庐山真面目的。

　　我们知道，DNA 分子特别长，不便于对整个分子进行分析，因此，先用内切酶把它切成一段一段的，然后对 DNA 的小片段进行分析，最后再按重叠片段一个个连起来，得出整个 DNA 分子的核苷酸序列。例如，有一个 DNA 片段上面有 AATCGT 序列，另有一个 DNA 片段上面具有

TYGCAA 序列,还有一个 DNA 片段具有 GTYCAT 序列。这样根据重复序列,把三个 DNA 片段连接起来,就可以知道这个大的 DNA 分子具有 TFGCAATCGTFCAT 序列。这好比我们要了解一幢大楼的内部设施,不可能一个人同时调查一幢大楼,而要分层调查,先查一层设施,再查二层、三层和四层……最后汇总每层调查资料,便能查清这幢大楼的整体设施情况。DNA 测序也是这样,要采取分段测序,最后再绘出整个 DNA 序列图。

那么,怎么对一段 DNA 进行序列分析呢?

首先,让我们来了解一下 DNA 序列分析的原理和基本技术。目前,主要采用英国科学家桑格发明的"双脱氧核糖核酸末端终止法"进行测定。测序反应实际上就是一个在 DNA 聚合酶作用下的 DNA 复制过程。具体方法是:以一条待测序的 DNA 单链为模板,在一个测序引物的牵引下,通过 DNA 聚合酶的作用,利用 DNA 的合成原料——4 种脱氧核糖核苷酸,即 dATP(简写为 A),dGTP(简写为 C),dCTP(简写为 C), dTYP(简写为 T),使新合成的链不断延伸。但是,如果在合成原料中加入一些用 4 种不同荧光化合物(可发出红、绿、蓝、黑 4 种荧光)分别标记 4 种双脱氧核糖核苷酸(即 ddTTP、ddATP、ddCTP、ddGTP)。它们可以"鱼目混珠"地参与 DNA 链的合成,可是它们是缺少"零件"的"废物",不能发挥正常核苷酸的作用,因此,当它们被结合到链上以后,它的后面便不能再结合其他核苷酸,链的延伸反应就此停止了。

这就像小孩儿们玩"手拉手"的游戏,有个别的孩子一只手残废了,因此只能用一只手与前面的孩子手拉手,另一只手不能与后面的孩子手拉手,于是许多孩子手拉手组成的长队伍就中断了。这样,在 DNA 合成反应中,最终便会随机产生许多大小不等的末端是双脱氧核苷酸的 DNA 片段。这些片段之间大小相差一个碱基。然后,通过聚丙烯酰胺凝胶电泳,将相差一个碱基的各种大小不等的 DNA 片段分离开来,再根据电泳条带的不同荧光反应,就可以在凝胶上直接地读出这些有差异的代表其末端终止位置处碱基种类的片段,如红色荧光代表 T、蓝色荧光代表 C、黑色荧光代表 C、绿色荧光代表 A,这样一系列的连续片段就代表了整个模板 DNA 的全部序列。这种方法已利用现代精密仪器和机器人技术实现了 DNA 测序的高度自动化。目前市场上出售的各种型号的 DNA 自动测序仪大多是依据以上原理制造的。

目前,以凝胶分离为基础的测序技术,一次可以读出 500~700 个碱基序列。为了保证测出的序列具有高度的准确性,科学家们一般在 DNA 区域要反复测定 10 次左右。这样最终得到的序列错误率只有万分之一,即每一万个碱基只允许有一个碱基读错。人类基因组 30 亿个碱基对需要反复测定 10 次,这就意味着测序的实际工作量是 300 亿个碱基对。可见,完成人类基因组的测序工作是多么艰巨的任务。

为了尽快完成人类和其他生物的测序任务,科学家们还发明了其他一些更为简便、迅速的测序方法,如杂交测序、质谱分析、毛细管电泳测序,甚至可以用电子显微镜来直接观察序列。采用新方法以后每小时就能有一个新基因序列被读出来。

分子杂交

你也许知道,不同植物品种之间可以杂交,不同的动物品种之间也可以杂交。可是,你听说过分子杂交吗?那么,什么是分子杂交呢?

核酸的分子杂交技术是目前分子生物学中运用最广泛的技术之一,它可以鉴定核酸分子之间的同源性。前文我们曾提到,DNA 的结构是双螺旋分子,其中一条链与另一条链的核苷酸序列是互补的。另外 RNA 的结构一般是单链分子,如果由某个基因的 DNA 转录出来信使 RNA,那么这个信使 RNA 的核苷酸序列也是与该基因的 DNA 序列互补的。所以,RNA 分子的序列与 DNA 也有互补关系,也能与 DNA 的单链形成互补的双链结构。为了鉴定两条不同的 DNA 分子是否具有同源性,科学家们运用 DNA 变性和复性的原理,将两种来源不同的 DNA 分子或与某种 RNA 分子同时放在一个容器里,然后加温到 90 摄氏度以上,两种不同的 DNA 分子,分别拆开而变成单链分子。这时慢慢降温去掉变性条件,于是每个单链分子就像找"朋友"一样,不同 DNA 分子的互补区段能够相互配对结合在一起,形成异源的 DNA/DNA 或 DNA/RNA 的双链分子。分子生物学上把这一过程称为核酸的分子杂交。这像我们玩"找朋友"的游戏一样,两个相好地结合在一起而成为好朋友。

采用分子杂交的方法可以鉴定生物之间的亲缘关系。例如,鉴定人、猿和猴之间的亲缘关系远近。科学家们发现,黑猩猩 DNA 分子与人的 DNA 分子杂交后,互补碱基比猴 DNA 分子与人的 DNA 分子杂交后的互补碱基多,这说明人与黑猩猩的亲缘关系较近。1967 年,国外的两位科学家霍耶和罗伯茨利用分子杂交的方法比较人与灵长目动物和其他亲缘关系较远的脊椎动物之间 DNA 的差异,其结果是:人 100%、黑猩猩 100%、长臂猿 94.5%、猕猴 89%、眼睛猴 65%、非洲狐猴 58%、家鼠 22%、鸡 10%。从以上结果看出,分子杂交后,杂合 DNA 所占百分比愈高,亲缘关系愈近。

分子杂交不仅能鉴定生物种群间的亲缘关系,而且还能鉴定基因的变异,测出基因组中特异性 DNA 序列,为基因诊断提供依据。

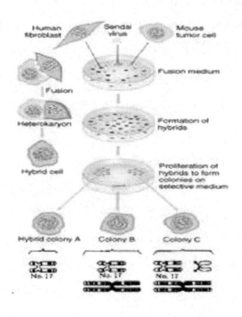

细胞杂交技术可产生不同的人—鼠杂交种细胞系,每个克隆中含有完整的小鼠基因和随机的一到几条人染色体,用于基因定位

人类基因组计划

人类基因组计划的核心，就是测定人类基因组的全部 DNA 序列，它蕴藏着生命的根本奥秘，提示出的生命本质同样适用于大自然中所有的生命体。

改变世界的科学计划

几年前，一场"克隆风暴"震惊全球；此后，一项更令人震撼的、意义深远的生命科学成果面世。

1999 年 2 月，美国总统克林顿在迈阿密兴奋地说："在两个月内，我将做我毕生最光荣的一项宣布，我将宣布人类基因图谱已经完成定序，我们将可以开始探究分析生命的蓝图。"

由世界六国科学家联手合作的"人类基因组计划"，于 2000 年春呈上它最重要的序列图——人体"第二张解剖图"，人类遗传密码将被科学家破译。

人类文明史上又一次伟大的转折，由此开始。

21 世纪生命科学的大幕，徐徐拉开!

"人类基因组计划"（HGP）与"曼哈顿"原子弹计划、"阿波罗"登月计划，并称为自然科学史上的"三计划"，但它对人类自身的影响，将远远超过另两项计划。

人类的遗传物质就是 DNA,它的总和就是人类基因组,由大约 30 亿碱基对组成,分布在细胞核的 23 对染色体中,其中大约含有 6 万个作为生命活动基本单位的编码基因。

人类基因组计划标书称:"人类的 DNA 序列是人类的真谛,这个世界上发生的一切事情,都与这一序列息息相关。"决定我们命运的不再是星宿,而是我们对 DNA 与自己的了解。

人类基因组计划的使命

人类基因组计划是人类自然科学史上最伟大的创举之一,是两个世纪交替时,人类历史上最重大的事件之一。

著名的诺贝尔奖获得者李政道与杨振宁,曾于 1999 年 11 月在中国的电视观众面前友好而又激烈地讨论过 21 世纪是否为"生物学世纪"的问题。两位大师各执己见,难见高低,但过去了的 20 世纪是"物理学的世纪"似乎已被公认。

20 世纪是物理学最为风光、最为辉煌、为人类文明与科学进步贡献最大的世纪。对物质的原子结构的认识,使物理学进入鼎盛时期。原子弹的爆炸与人类走向太空,更使物理学登峰造极。最后,又以最简单的无机硅研制成的 chip(芯片,原意为马铃薯片)将人类带入了全新的信息时代。

"不识庐山真面目,只缘身在此山中"。站在太空上,人类以前所未有的视角,重新审视我们的栖息地——地球,它与我们能看到的所有星球的主要区别之一就是存在生物。

世界上仍有一半以上的人,不同程度地受各种慢性病的折磨:我国就有 11% 的人患有高血压,4.2% 的人不同程度地残疾,2.5% 的人患有智力低下。曾肆虐一时的传染病,尽管已得到控制,可并没有像天花一样销声匿迹,相反的,在一些地方死灰复燃。抗菌素等药物发现的步子越来越慢,相反,自然界抗药的病原微生物却越来越多。

肿瘤、心血管疾病等主要死因已成为人类驱除不掉的幽灵。每个家庭及其亲戚中至少有一人死于肿瘤,人们谈"癌"色变。肿瘤的阴影还没散去,"老年痴呆症"等老年病又让希望长寿的人类望而却步。70岁以上的老年人30%、80岁以上的老年人80%要得此病。美国前总统里根,现已记不起他曾一度左右过美国甚至人类的命运。

艾滋病的出现与肆虐,使人类深感忧虑。从"一战"期间死于感冒的美国士兵身上分离到的病毒又告诉我们:一不小心,它还可能要几百万人的性命,因为人类对这种致命的感冒病毒仍没有天生的免疫力。

应该说,人类与病原本来是互相依赖的,人类的所有疾病,都是机体对病原做出的必要反应,病痛只是为了保护机体付出的代价,而疾病又是人类作为生物属性的一种自然选择。医学来到世界就是要使人类与自然(包括病毒)建立一种新的、使人类得病个体减少痛苦的关系。因此,医学诞生的那一天起,人类便接受了一种新的、背离人类生物属性的挑战——重新调整人类本身,包括数量与存活期。

19世纪中叶,特别是19世纪70年代,人类开始攻克肿瘤的尝试,建立了"基因病"的概念。

"基因病"的第一层意思是"基因相关论":所有的疾病都与人类的基因有关,都是人类基因组与病原基因组中的有关基因相互作用的结果。即使是非生物的病因如中毒和外伤,其机体的最初反应、病情的发展与组织再生都与相关的基因有关。可以说,所有疾病都是"基因病"。

"基因病"的第二层意思是"基因修饰论":迄今,所有的药物方式都是通过基因起作用的,都是通过修饰基因的本身结构、改变基因的表达调控、影响基因产物的功能而起作用的。 HP 便是非药物治疗手段，也都涉及基因活动的改变。如心理诱导可以改变激素的分泌方式与水平，而激素都是基因表达的调节物。一般来说，人类的疾病并不死板地决定于基因的结构，绝大多数基因药物也不改变基因的结构，而仅对基因做不同层次的修饰。

"基因病"的第三层意思：一是基因的外调性。一个人出生时，可以说基因程序都已编好，但这一程序的运行却可以在某一时间、某一环境作用下而大相径庭。在结构上大家都相同的一个基因，其最后的效应不一定等同，说明基因的表达受外界因素的调节，如地理气候、食物、药物、生活方式、运动方式、心理等环境影响；二是基因的多态性。人与人之间本有不同，群体与群体之间也不相同。同样霍乱肆虐，有人就能活下来，同样感冒病毒流行，并不是百分之百的人都得病。因此，人类基因组的多样性、个体特异性，决定了人对疾病或病原的易感性或抵抗力，也是人类能在不同的环境，特别是在剧变的环境下可以存活的保证。

"基因病"还有一个重要的意思是基因的复合性，即使是单基因的经典遗传病，它的最终发病也有很多其他基因参与，而这一个体的这些基因恰好基本上是没有问题的。单基因病只是极端的例子，而多数疾病绝对不是一个基因引起的，而是很多基因相互作用的结果。

要认识疾病，就一定要认识病因——致病基因。人类基因组计划就是要了解我们的整个基因组，发现与了解我们所有的基因，搞清楚这些基因在基因组的什么位置——"基因定位"；把每个基因都标在一张图上——"基因作图"；把这些基因一个个拿出来，在试管里扩增放大再进行研究——"基因克隆"；把基因组里所有基因的基本结构——DNA 序列都搞清楚，最终解读遗传密码，这就是"人类基因组计划"的目的。

人类基因组计划建立的人类基因组图，可以理解成"人体第二张解剖图"。人体解剖图曾告诉我们人体的构成、主要器官的位置、结构与功能，了解所有组织与细胞的特点，才有了今天的现代医学；而人类基因组计划绘成的"第二张人体解剖图"将成为疾病的预测、预防、诊断、治疗及个体医学的参照，有了这么一张分子水平的"解剖图"，人类医学水平又大大地上了一个台阶。

人类基因组计划为全人类呈上的不仅仅是一张图。

DNA 存在于地球上所有生物的所有细胞中，而人是最高级、最复杂、最重要的生物，如果把人的基因组搞清楚，再搞别的生物，就容易多了。"人类基因组计划"在研究人类过程中建立起来的策略、思想与技术，也可以用于研究微生物、植物及其他动物，将奠定 21 世纪以至于第三个千禧年生命科学、基础医学与生物产业的基础。

原子弹毕竟与全人类的和平、生存、发展相悖；"太空计划"，也局限于当时"国际空间俱乐部"的成员内。而人类基因组计划一开始便声明这是全世界各国科学家都有义务、有权力参与的全球性合作。它的目的，完全是为了全人类的发展，缩小发达国家与发展中国家在科学技术上的差异，保证全人类对人类基因组 DNA 序列的平等分享。

人类基因组属于全人类，谁来掌管我们的基因?怎样来照料我们的基因？怎样来研究我们的基因？怎样防止以基因知识来制造新的不平等——遗传歧视?怎样制止以基因差异而制造"种族选择性生物灭绝武器"?这都是生物工程研究不可回避的现实问题。

正像著名生物学家、诺贝尔奖获得者杜伯克在人类基因组计划标书里说的那样："人类的 DNA 序列是人类的真谛，这个世界上发生的一切事情，都与这一序列息息相关。"

人类基因组的四张图

    遗传学的灵魂是遗传分析，紧紧抓住基因型与表现型之间的遗传联系，而这之间漫长复杂的生理过程留给了别的学科。

    人类基因组计划就是解读人的基因组上所有基因。由于我们的基因都在 24 个染色体 DNA 分子上，人类基因组计划的最终目的，就是分析这 24 个 DNA 分子中 4 种碱基对：A、T、C、G。假设人类的基因组是条长城，由 30 亿块砖头组成，砖头只有 4 种：或 A，或 T，或 C，或 G，这就是人类基因组的 DNA 序列图。但是，这条长城太长了，在搞清每一块砖头之前，需要画几张草图，否则就乱了。

    (1)物理图："路标"与"路轨"。

    物理图有两个含义：一是路标，就像铁路上的里程碑。比如从上海到北京，总距离为 3000 公里，怎么找沿路上的某个车站，某个村庄?这需要沿路设上路标——里程碑。如每 10 公里设一个，"路标"的密度就是 10 公里，如每公里设一个，密度为一公里。这样，火车停在几公里的路标附近，某个村庄在哪两个路标之间的区域就会一清二楚了。我们到什么地方，看看路标就知道了。人类基因组那么大，需要多少个"路标"呢?

    基因组 DNA 的"里程碑"不能硬安，须根据 DNA 序列本身的特征，选择一段 DNA 作为标记。原先用分子杂交的办法，利用 DNA"双链互补"特点，一个 DNA 片段杂交在这个位置，说明这个位置的结构与它相似，就是这个位置的"标记"或路标，称"以序列作为标记的位置"，这是美国的奥尔森提出来的。这就是我们人类基因组"物理标记"的两个要素：

一是序列，二是位置。到 1996 年底，物理图的"物理标记"的密度已达 170kb。

物理图的另一含义是"铺路轨"。将克隆 DNA 片段一个个接起来，称为"相邻片段群"。有了作为路标的"序列标志的位置"，如果两个克隆的 DNA 片段，都含有某一路标的序列，就说明这两个片段的一部分是重叠的。

(2)转录图：生命的乐谱。

生命的表现方式是蛋白质。有的蛋白质是上面讲过的酶；有的是调节因子，如生长激素；有的是结构蛋白，如头发与眼睛角膜的蛋白等。生命的现象都是通过蛋白来表现、来实现功能的。一般讲的基因，就是指导蛋白质合成的一段 DNA。人的 24 个 DNA 分子是由 30 亿个核苷酸组成的，而基因的估计数目为 7 万~10 万个。根据已知的蛋白质的大小，可以估计并不是人类基因组所有 DNA 都是指导蛋白质合成的，或说是为蛋白质编码的。

通俗地说，转录图就像生命的乐谱。如果说人的每个细胞里的所有 DNA 决定 6 万~10 万基因的话，在每一种组织的细胞中，大概只有 10% 的 DNA 能表达，而表达的第一阶段就是转录。

DNA 转录成只有单链的一种 RNA，因为它携带信息，称信息 RNA 为 mRNA，再由 RNA 根据遗传密码来决定蛋白质。抓住了这些 mRNA，就是抓住了大头——决定蛋白质的这些基因。转录图就是基因图的雏形。

现在，国际合作的人类基因组计划已公布了至少 160 多万 eDNA 片段的部分序列，称之为"能表达的标签"。如把这 160 万个来自不同组织的 eDNA 片段的序列进行分析与拼接，至少已代表了万余个不同基因的部分 DNA 序列。尽管现在这些转录的 DNA 还没搁到人类基因组的特定位置上。

转录图有特定的意义。首先,由于 DNA 的转录是有组织与时间特异性的,它来源于已知的某一生育阶段的某一组织。有人提出可以绘制一张反映在正常或受控条件中表达的数目、种类及结构、功能的信息。在将来的数据库中,我们可以了解某一基因在不同时间、不同组织、不同水平的表达;也可以了解一种组织中,在不同时间、不同基因的不同水平的表达,还可以了解某一特定时间,不同组织中,不同基因、不同水平的表达。有了"正常"的转录图,就奠定了构建特定生理条件下与"异常"下 cD—NA 图的基础,为步入 21 世纪的基因医学绘制了新的蓝图,即基因表达谱。

转录图还有多方面的意义:

①能为估计人类基因提供较为可靠的依据。参数相应的准确数目只有在所有基因都克隆、鉴定后才能知道。

②能用来绘制"基因表"。

③提供了功能基因的"标记"。一个 eDNA 片段本身就是某一特定基因的编码序列部分,因而提供了克隆、分析功能基因的一个起点。

④本身就具经济价值,如作为基因诊断或基因克隆的一种工具。

⑤这是序列分析效益最高、收获最快的方案。

⑥最重要的是,这些转录的 DNA 能为 DNA 序列知道以后鉴定哪些部分是编码 DNA 提供最为可靠的信息。

正因为如此,转录图的构建,特别是这些 eDNA 片段的分离竞争得十分剧烈。美国的私人公司就曾提出共达 40 万个 eDNA 片段的专利申请。

(3)遗传图:孟德尔的"新生"。

DNA 都克隆出来了,现在再讲那"看不见,摸不着",如幽灵般的"显性"、"隐性"的"基本因子",是否有点不合时宜?

"我国要补经典遗传学,即孟德尔遗传学这一课。"这是中国遗传学之父谈家桢先生讲的,因为我们有两代人不太清楚什么是基因。

　　科学发展有其必然性与阶段性,科学发展的过程是不能逾越的,就像人类不可能一步进入共产主义一样。不能设想,不懂得任何经典遗传学,就不能用 DNA 分子拨弄出遗传工程来。整个人类基因组计划就是自然科学史上的补课计划。基因已经说了多年,但现在还是不知道人类共有多少基因,都是什么基因。

　　白种人中,有 10% 左右的男人患有"红绿色盲"。我们可能先去研究红色与绿色的差异,因为红色、绿色的光波长不同,然后再去研究眼睛里的视细胞是否有差异,这些细胞的构造,辨别颜色的机制,再研究这些细胞怎么把红、绿色光的不同讯号传给脑子,再去研究脑子的哪个部位起反应,给我们"这是红色,不是绿色"的讯号。

　　但研究来研究去,花了时间花了钱,也没找到人体辨别红绿色的基因在哪里。但现在这个基因早已找到了,是"红绿色盲"的病人与家系做出的贡献:人们发现病人不能辨别红与绿色,还发现辨别红、绿色能力是遗传的。画一个"家系图",很清楚地看到一个幽灵在家系中徘徊,有规律地出现。根据它的遗传规律,看出决定这个能力缺陷的基因,也就是正常人能辨别红、绿色能力的基因,是按 X—隐性遗传这一"孟德尔规律"遗传的,就像血友病 A 型一样。

　　一个基因,一定在基因组中有它的位置——位点,这个位点上至少有两个"等位基因",一个正常的,一个不正常的。从"家系图"看,这一不正常的等位基因则是隐性的。如果这一位点上另一个等位基因是正常的,这一不正常的致病基因则"隐而不显",这个人就只是一个携带者,通常不表现该病,是个正常人。

　　既然我们知道了这个"位点"必定在基因组中有位置,那么它与遍

127

布于全基因组的遗传标记必有距离问题。如果两个位点接近的话，就会发生一定频率的交换，紧靠在一起的两个位点交换就少(频率低)，多则意味着两个位点距离较远(频率高)。

于是，我们先选用一个遗传标记，来检查家系中这一遗传标记的位点是否与致病位点发生交换。如果重组率为5%，就说明这一位点与这一遗传标志之间的距离为5eM(分摩)。我们就可以在这一遗传标志附近找这一基因。这时，物理图就帮上忙了，我们可以先找这个遗传标记旁的物理标记，再沿着铁轨——"相邻片段群"去找哪儿出了问题，找到基因。

很多疾病其原因都很复杂，但抓住了遗传分析的灵魂，利用遗传图，就可能分离到这个基因。

只有通过异常，才能发现正常，只有发现"红绿色盲"这个病，才知道人体内有这样一个位点，由于这个基因的存在，它的一个等位基因是能致病的。只要有了病人的家系，我们就能看到这一致病基因的幽灵。

因此，遗传图是通过现象来追踪实质的重要工具。现在的遗传图还不够精细，在人的标准DNA序列图出来后，序列差异就成为最好的遗传标记。而遗传图的遗传标记又为序列图的构建，提供了极有用的标记。

(4)序列图：重中之重。

人类基因组计划起始、重中之重、最实质的内容就是人类基因组的DNA序列图。人类基因组计划的争论焦点、主要分歧、竞争主战场、道义交锋的实质，都是围绕着序列图展开的。

前面说的遗传图、物理图与转录图，之所以称为"序列图前计划"，就是因为这些图的目的，都是为最终绘制DNA序列图作准备。只有在DNA序列图完成的基础上，才能用人群内序列的差异，作为密度最高的遗传标记来完善遗传图。

正如美国与丹麦的遗传学家所说的：怎么会有不参与DNA序列图

的国家人类基因组中心呢?没有基因组 DNA 测序的能力,一个国家的人类基因组计划是不完整的。日本的科学家最近还特别抱怨:没有 DNA 序列图,其他任务是完成不好的。

DNA 序列图的绘制是科学家变竞争为合作的典范。由于人类基因组 DNA 序列图的绘制任务太艰难,因而成为一个国家国力的综合反映。而它显示的意义,又使它的完成越早越好。因此,只有全球的参与和精诚合作,才能使 DNA 序列图的绘制又快又好。

人类基因组 DNA 序列图的绘制工作,可以做这样的比喻:假说人们只穿 4 种颜色的衣服,红、黄、白、黑,人类基因组计划就相当于把世界上 60 亿人所穿的衣服都搞清楚,而且注明位置顺序,如所在的国家、城市、街道、楼房、房间。人类基因组 DNA 序列图的绘制,是在上述 3 张图的基础上,采用了"分而胜之"的"克隆到克隆"的策略。科学家用已在代表人类基因组中不同区域定好位置的标记,即遗传图的"遗传标记"和物理图的"物理标记",来找到对应的人类基因组"DNA 大片段的克隆"。这些克隆都已知道是相互重叠的。再分别用机器测定每一个克隆的 DNA 顺序,再把它们按照相互重叠的"相邻片段群"装搭起来。

为了测定这些大片 DNA 克隆的序列,要将这些 DNA 克隆按遗传图与物理图的标记,确定在基因组中,切成 1~2000 核苷酸长的小片段,再"装"到一种质粒"载体"上,送进细菌中克隆,大规模地培养细菌,再从细菌中提取这些"克隆"的 DNA。在我国的"北京中心",工作人员每天要制备 5000~1 万个克隆的 DNA 作为测序模板。这些 DNA 要质量上很纯,数量上准确,还不能相互混杂。

模板制备好了,就要进行测序。第一步是"测序反应"。现在使用的方法是"酶终止法"。简单地说,是以要测的 DNA 为模板,重新合成一条新链,分别用不同颜色的荧光物质标记上。这样,如果一段序列的一个位点上是 A,就将代表 A 的荧光物质标记在 A 的后面,由此类推。这样就形成了长度相差一个核苷酸的新的 DNA 链,而结尾一位则可以借助荧光的颜色来决定是:A、T、C、G。

测序反应做好后,第二步是上"自动测序仪"分析。现在的机器主要有两类,一类是"凝胶电泳";另一类为"毛细管电泳",它们都能将长度仅相差一个碱基的 DNA 片段一一分开,由于不同的片段尾巴的核苷酸已标有不同颜色的荧光染料,可以很直观地读出 A、T、C、G 的序列。

这些"序列"通过电脑加工、检查质量,再用一些特殊的电脑程序,将相互重叠的序列装搭起来。要确定每一位置上的核苷酸,至少要测定 5~10 次。如果中间有"空洞",还要将这些"空洞"用各种技术"补"起来,最后形成一个大片段克隆的完整序列。这些序列片段再根据"相邻片段群"的信息装搭起来,就组合成了一个染色体区域,一个染色体完整序列。

现代的基因组技术是分子生物学、遗传学、遗传工程技术、生物信息学的综合。由于整个生命科学已进入"以序列为基础的时代",大规模基因组测序、组装与分析技术已成为生物产业最重要的"龙头"、上游技术,这是一个国家的国力、技术能力、新的科研型企业的管理能力、人的素质的最集中的表现。

不怕病虫害的基因庄稼

提高农作物品种抗病虫害的能力,既可减少农作物的产量损失,又可降低使用农药的费用,降低农业生产成本,提高生产效益。

目前,人们已经发现了多种杀虫基因,但应用最多的是杀虫毒素蛋白基因和蛋白酶抑制基因。杀虫毒素蛋白基因是从苏云金芽孢杆菌(一种细菌)上分离出来的,将这个基因转入植物后,植物体内就能合成毒素蛋白,害虫吃了这种基因产生的毒素蛋白以后,即会死亡。目前已成功转入毒素蛋白基因的作物有烟草、马铃薯、番茄、棉花和水稻等,正在转入这个基因的作物还有玉米、大豆、苜蓿、多种蔬菜以及杨树等林木。

转基因抗虫作物,效果最大的当数抗虫棉。说起棉花,大家都知道它又白、又轻、又软,做成的棉被盖在身上,暖暖的。收获季节一到,棉田里就盛开着一朵朵的棉花,远远望去美极了!然而,棉花也有天敌,一旦被棉铃虫侵害,棉花就会变黄、发蔫,甚至无法开花、吐絮,造成棉田减产,棉农减收。自1992年以来,河北、山东、河南等棉区棉铃虫危害极为严重,全国每年直接损失达60亿至100亿元。因此,如何治理棉铃虫成为了我国农业工作者的一件大事。

许多年来,为了防治棉铃虫,人们主要靠喷施化学农药。这种方法虽然有一定的防治效果,但也存在着害虫产生抗药性的缺点。有些地方农民们喷洒农药甚至把药水往虫子身上倒,可虫子仍然不死,虫子把棉花的花蕾、棉桃和叶子照样吃个精光。另外,喷施农药对人体有害,容易中毒,况且对环境也有严重的污染,因此,不提倡使用农药。

1997 年,美国种植了抗虫基因棉 100 多万公顷,平均增产 7%,每公顷抗虫棉可增加净收益 83 美元,总计直接增加收益近 1 亿美元。我国是世界上继美国孟山都公司后第一个获得抗虫棉的国家。我国的抗虫棉的抗虫能力在 90% 以上,并能将抗虫基因遗传给后代。我国的抗虫棉已进入产业化阶段,生产面积已有 6.7 万公顷,如果全面推广,每年可挽回棉铃虫造成的经济损失 75 亿人民币。

利用植物基因工程不仅可以治虫,而且还可以防病。你知道吗?作物在它一生的生长历程中还会受到几十种甚至上百种病害的危害。这些病害包括病毒病、细菌病以及真菌病。作物感染病害以后将给生产带来极大的损失。如水稻白叶枯病,它是我国华东、华中和华南稻区的一种病害,由细菌引起,发病后轻则造成 10%~30% 的产量损失,重则难以估计。

为了培育抗病毒的转基因作物,我国科学家将烟草花叶病毒和黄瓜花叶病毒的外壳蛋白基因拼接在一起,构建了"双价"抗病基因,也就是抵抗两种病毒的基因,把它转入烟草后,获得了同时抵抗两种病毒的转基因植株。田间试验表明,对烟草花叶病毒的防治效果为 100%,对黄瓜花叶病的防治效果为 70% 左右。目前,我国科学家还通过利用病毒外壳蛋白基因等途径,进行小麦抗黄矮病、水稻抗矮缩病等基因工程研究,并取得了很大进展。

今后,农民们种庄稼不治虫、少施农药的日子为期不远了。

免疫水果

随着人类对疾病的认识越来越多,已经知道治病重在预防,于是,现在的小孩子从一出生,就要隔三差五地打预防针,吃预防药。就连大人们在流感来了的时候,也要去打上一针以防患于未然。这种传统的种疫苗防病法既麻烦又往往要受皮肉之苦,而且制造传统疫苗试剂需要复杂的生产过程,成本比较高。

现在,科学家们想出了一个好办法,让植物代劳替人类生产疫苗。将普通的植物改造为能产生免疫功能的转基因植物,人们直接食用某些水果和蔬菜,不需经受打针吃药之苦,就可以获得免疫力。我们来看看美国生物学家米奇海因是怎样创造奇迹的。米奇海因是一位研究遗传学的园艺师,他培育出一种可以预防霍乱的苜蓿。

苜蓿是草本豆科植物,生长快,产量高,苜蓿幼嫩时还可以当作蔬菜食用。米奇海因先从霍乱病毒中切下霍乱抗原的基因,装在基因的运输工具 T1 质粒上,转入土壤杆菌。然后用这

苜蓿花

种带有霍乱抗原基因的菌感染苜蓿，由此产生的转基因苜蓿，体内含有大量霍乱抗原。人们食用这种苜蓿后，就可以获得对霍乱的免疫力。

就这样，他把普普通通的瓜果蔬菜转变为奇妙的食用疫苗。一旦得到这种转基因植株，人们要想获得大量霍乱疫苗就容易多了，只需一方沃土和不花钱的太阳光，就可以"守株待兔"了。迄今为止，他已在俄克拉荷马州阿德摩尔的一小块试验地里收获了第一批苜蓿疫苗作物，世界上许多科学家纷纷来向他求购。

在非洲一些贫困地区，人们连最普通的疫苗也买不起，如果能食用经过遗传工程改造的植物，达到预防一些疾病的效果，并且这些植物又不至于昂贵难求，那将是穷人们的希望。

由于植物疫苗的优越性，世界上许多国家都在加紧对它的开发研究，并取得了一些成功。比如，人们分别把小儿腹泻抗原和乙型肝炎抗原基因转入马铃薯细胞，用马铃薯作为疫苗来预防这两种疾病，取得了很好的免疫效果。此外，科学家们还成功地运用转基因技术，培育美味的水果疫苗、新鲜的蔬菜疫苗等。这样，人们在食用水果和蔬菜的同时，就可以达到预防麻疹、流行性腮腺炎、白喉、乙型肝炎等常见病的目的。

把蔬菜和水果变成了食用疫苗，就是把机体免疫系统抵抗病原的基本原理与现代遗传工程的 DNA 重组技术密切结合起来，使这些细菌和病毒改邪归正。到时候一天吃一盘生菜或一个苹果，就可以不用上医院看医生了。

但是要知道，人们打预防针时，疫苗是直接进入血液发生作用的，而"食用疫苗"经过肠胃系统，能抵抗胃酸和消化系统中其他"恶劣"条件的煎熬吗？这正是科学家们在着手研究的课题。借助基因工程技术，提高食用疫苗抵抗性的愿望一定能够实现。转基因植物这类"绿色疫苗工厂"，将成为 21 世纪最有诱惑力的疫苗生产基地。

基因与毒品

毒品屡禁不绝,越禁越凶,成了文明世界的一个老大难问题。为了彻底割掉这一社会的大毒瘤,美、英、俄的特工、科学家正在动用基因工程技术来做切除手术。美、英投资55万美元,提供设备,训练专家,在乌兹别克国家遗传研究所实施这个别出心裁的计划。

乌兹别克国家遗传研究所原本是进行细菌战研究的。他们负责生产一种能破坏敌国谷物生产的细菌战剂。现在,他们将自己的拿手好戏转为破坏毒品的生产原料(罂粟)的生产。他们用基因工程技术,培育了一种专门作用于罂粟植株的真菌,用来散播到亚洲的金三角地区和南美洲等著名的毒品生产基地。

经过30多名研究人员的努力,这种真菌已研制成功,并在乌兹别克的罂粟生产基地进行了效果验证。结果表明:"不论在实验室或野外,小量真菌就足以摧毁罂粟。"英、美两国政府的特工组织准备在近期内开展行动,歼灭金三角数千英亩的罂粟种植园。他们计划从高空将真菌喷洒到罂粟田,感染健康的罂粟植株。真菌战剂比除草剂优越,它能自行繁殖,不断扩大植株感染的面积,最终消灭所有的罂粟。

基因疫苗工厂

　　现代医学已经证明，人体有一整套强大而完备的免疫系统，产生多种多样的淋巴素、免疫球蛋白，用以消灭侵入机体的病菌、病毒，吞噬癌细胞。只要充分地将人体自身的免疫能力调动出来，病魔就无法逞凶。疫苗就是根据这个原理生产的。它将致病的微生物减毒后，注射入人体，让人体将之作假想敌，调动出人体的各路免疫大军同它作战。一旦真的致病微生物侵入人体，经过实战训练的免疫大军就能不费吹灰之力一举歼之。在牛身上减了毒的天花病毒，种到人身上，使人体的免疫系统学会对付天花病毒，从而制服了天花。我国制成的麻疹减毒疫苗，也是把麻疹病毒减毒后制成的，儿童注射了这种疫苗可获得对麻疹的自动性免疫。鼠脑疫苗用于预防流行性乙型脑炎；脊髓灰质炎减毒活疫苗用于预防小儿麻痹症；卡介苗用于预防结核病；百日咳白喉二联疫苗用于预防百日咳、白喉，这些都是成功的例子。

　　然而，有的疫苗的制造是很困难的，一些至今仍在严重威胁人类的病毒性疾病，如流行性感冒等，还没有研究出预防的疫苗来。而且，疫苗需要用大量的牛、羊、兔等牲畜来培养。于是，生物工程师们开始进行用基因工程技术来生产各种疫苗的研制：他们发现，教会机体免疫系统对付病毒等致病微生物的，不是病毒本身，而是包裹在病毒外面的一层蛋白质，只要把与合成这种蛋白质对应的基因搞清楚，并合成这种基因，再把这种基因插入细菌体内的生命"天书"中，就能让细

136

菌大量生产价廉、质高、无副作用的疫苗。

我国科学家在用基因工程技术生产乙型肝炎疫苗上取得了重大突破。上海生物化学研究所和上海生物制品研究所的人员，合成了乙肝病毒表面抗原的基因。他们将这种基因插入大肠杆菌和酵母菌的生命"天书"中，用这两种人菌杂种生产出乙肝疫苗，并迅速投入工业化生产。如今，曾威胁过我国一亿人生命的乙肝，由于我国青少年广泛使用乙肝疫苗，已被征服，不会再施虐人类了。乙肝疫苗基因工程技术的成功表明，不仅现在的所有疫苗都可以用基因工程技术生产，而且，现行各种疫苗制造方法无法制造的病毒疫苗，用基因工程技术生产也极易获得。更为重要的是，用这种方法生产出来的疫苗非常安全，不会给人类带来危险。

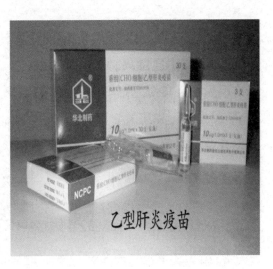

乙型肝炎疫苗

人们还设想，当人不幸而患病之后，体内的免疫大军斗不过病魔时，能否从人体外部派一支援军去补充淋巴素、免疫球蛋白，协同体内的免疫大军战胜病魔呢？近年来，科学家们发现，一种对付癌症的淋巴素——转移因子和一种增强人体抵抗力的新药——免疫球蛋白和胎盘白蛋白，在协同人体免疫系统同病魔斗争时作用巨大。但这些产品或者从人血中提取，或者以人胎盘为原料，原料来源有限，提取成本高。于是，科学家们采用基因工程技术，成功地将人体球蛋白基因与人体白蛋白基因插入大肠杆菌的生命"天书"中，让这种人菌杂种生产出人体球蛋白和人体白蛋白。

让坏基因沉默

在生物技术领域里，真正可谓"沉默"是"金"。生物技术在某些时候就是使有害基因沉默的技术，即称作核糖核酸介入技术，简称 RNAi 技术。

从科学家们首次利用 RNAi 技术在一种名为 Celegans 的线虫体内关闭特定的基因，至今只有 4 年时间。而证明这项科技在哺乳动物细胞内部同样生效，距今也不到 2 年。然而，专门针对 RNAi 技术的生物技术研究项目已经启动了 6 个，把它作为一种重要研究工具的还有几十个，同时在自己的实验室里进行研究的公司大概多达成百上千个。

科学家谈论 RNAi 技术时，认为这是过去 10 年间最重大的生物科技发现，因为这是第一次找到一个快速而没有副作用的方法，能够使特定的基因沉默，即中止它们制造蛋白质。它很可能成为研究和开发的重要工具，同时也将成为研制新药品 (特别是治疗癌症和病毒性疾病的新药)的重要途径。

这项科技利用的是核糖核酸(RNA)的双链分子。RNA 储存基因信息，在化学成分上与脱氧核糖核酸(DNA)极其相近。

当双链 RNA 的一段序列被引入到一个细胞内部时，特殊的酶便会毁坏所有具备同样基因序列的信使 RNA，从而关闭相应的基因。其效果远远好于现有的沉默技术，譬如说，在实验鼠身上做的转基因"剔除"，以及用于人类治疗的"反义"药物。

Cenix 公司是一家德国公司，专门研究基因科技，首席执行官克里斯托佩·埃切韦里说,RNAi是研究人员"多年研究所获得的成果",他们通过观察基因中止活动造成的影响来研究基因的功能。在基础研究之外,RNAi还有可能对药物研发产生不可估量的价值:为传统的"小分子"药物识别基因标靶,或者确认用其他方法发现的标靶。

在治疗中直接使用RNAi技术的前景令人兴奋不已,尤其是癌症和病毒感染的治疗。原则上说,对于病毒在人体细胞内的复制起着关键作用的基因,通过令其沉默,就能治愈病毒性疾病,而且没有副作用。很多肿瘤是人体基因组含有病毒蓦因导致的,如果RNAi能够使这些基因沉默,癌症就可以得到防治。

埃切韦里博士说:"RNAi最了不起的一点就是,从识别生物标靶到进行临床治疗,自始至终都可以使用同样的技术。"

检验RNAi技术实效的临床试验于2003年开始。德国的里博制药公司正在讨论在丙肝、恶性胶质瘤或胰腺癌患者身上进行RNAi药物测试。如果试验顺利,RNAi药物混合的鸡尾酒疗法最终可能运用于治疗。

基因疗法

　　在美国马里兰州有一个小姑娘,4 岁时患了一种叫免疫缺陷症的病,她没有抵抗疾病的能力,只能在无菌室里生活。如果离开无菌室,她就会被病菌感染, 从而得病死亡。这个小姑娘得病的原因是什么呢?这是因为在她体内缺乏一种叫做腺苷脱氨酶的蛋白质。为什么偏偏这个女孩体内缺少这种酶呢? 这是因为在她体内缺少表达腺苷脱氨酶的基因。

　　我们在前面已经说过,基因是 DNA 的片段,是遗传的基本单位,决定着生物的遗传性状, 也就是说有什么样的基因就产生出什么样的蛋白质。而 DNA 是由许多核苷酸连接而成的。组成核苷酸的是 4 种碱基,可用 A、T、C、G 来代表。碱基间的配对是固定的而不是任意的,A 必须与T 配对,C 必须与 G 配对。如果碱基配对发生变化,也就是不配对了,产生的蛋白质就会发生变化,人便会得病。

　　这个 4 岁女孩的基因发生了变化,不能产生腺苷脱氨酶,这是一种遗传病。这种病打针吃药都没用,因为不是细菌感染,所以要使这个女孩恢复健康,必须使这个女孩的体内带有能表达腺苷脱氨酸的基因,即必须采用基因疗法。

　　什么叫基因疗法呢?基因疗法从理论上讲就是用正常基因替换遗传缺陷基因,或关闭、降低异常表达的基因等。

　　那么,怎样对这个 4 岁女孩进行基因治疗呢?科学家选用无害病毒作载体，把能表达腺苷脱氨酶的健康基因接到无害病毒上组成一个重组体，然后把患儿的细胞从体内分离到体外，再用重组病毒去感染患儿的离体细胞。因为无害的重组病毒带有腺苷脱氨酶的健康基因，所以患儿的离体细胞就带上了腺苷脱氨酶基因。把加工好的活细胞，也就是带有腺苷脱氨酶基因的患儿离体细胞再注入患儿体内。结果，患儿衰弱的免疫系统功能完全恢复了，病情大为好转。

这个美国女孩在 4 岁时接受了基因治疗，基因治疗把她从无菌的隔离状态下解放出来。满 9 岁时，她不仅能进行各种娱乐体育活动，还可以和小朋友们一起去上学。

我国科学家在基因治疗上也有成功的实例。上海复旦大学遗传研究所与第二军医大学长海医院合作，用基因疗法治疗乙型血友病就获得了很大成功。

乙型血友病是怎么回事呢?乙型血友病也是一种遗传病。这种病是因为患者体内缺乏一种叫做凝血因子-9 的蛋白质，也就是说缺乏能表达凝血因子-9 的基因。这种病的患者特别容易出血。例如，用手稍用力碰一下鼻子，鼻子就会出血。因为常常出血，所以只能靠输血过日子。基因工程技术的研究成功，出现了基因技术疗法，给乙型血友病的患者带来了福音。

科学家怎样对乙型血友病的患者进行基因治疗呢?复旦大学遗传所的薛京伦教授选择了一位 9 岁的男性患者进行试验研究。薛教授等科研人员首先对患者进行基因诊断，确诊他患乙型血友病以后，取出患者的少量皮肤做皮肤纤维细胞培养，然后用无害病毒作运载体，将健康人的凝血因子-9 的基因重组在无害病毒上，组成重组体，再用加工好的重组无害病毒(也就是携带着凝血因子-9 基因的无害病毒)去感染从患者身上取出并在体外培养的皮肤纤维细胞，最后将这种带上了健康人的凝血因子-9基因的皮肤纤维细胞扩大培养。当各种指标达到要求以后，将其与胶原细胞混合，这样就制成了基因治疗用的临床注射针剂。

给这位9岁的患儿注射了用基因工程技术加工好的活细胞后，患儿体内凝血因子-9的含量很快从71纳克/毫升上升到250纳克/毫升。虽然这一含量只有正常人的5%，但在患者体内却产生了明显作用，即能止血了。患儿接受一次注射，在其体内产生的凝血因子-9可维持18个月左右，18个月后可以再注射一次。乙型血友病的基因疗法研究在上海复旦大学继续进行着，他们的这一研究成果是世界上第二个用基因疗法治疗遗传病的成功实例。

人们还将基因疗法运用于恶性肿瘤等疾病的治疗试验，因为这些疑难病(除遗传病、恶性肿瘤之外，还有心血管疾病、糖尿病等)的起因都离不开基因突变、缺失和异常表达，所以治疗这些疑难病的根本方法是基因疗法。

我国科学家在恶性肿瘤基因疗法方面也取得了很好的成绩。如上海肿瘤所的顾教授应用人体内的自杀基因治疗人的恶性脑瘤，已完成了全部实验室研究，不久将进入临床试验阶段。

目前国内外虽然有基因疗法的成功实例，但这与需要治疗的几千种疾病相差太远了，并且离基因疗法的广泛应用还有相当长的距离，还需要科学家进一步做更深入的基础研究，才有可能迎来基因疗法的新时代。

为人类服务的细菌工厂

众所周知,人类的健康受到各种疾病的威胁,每当人们找到一种治疗疾病的方法时,人类的平均寿命就会有所增加。例如,自从人类发明了种牛痘,控制了凶恶的天花后,人类的平均寿命就增加了 10 年。又如,人类发现了青霉素,用它来对付各种细菌,这又使人类的平均寿命增加 10 年。可是当今人类对于一些具有传染性的病毒病 (如乙型肝炎等)、癌症、艾滋病以及遗传病等仍束手无策。

科学家及医学工作者们多年来梦寐以求的是想利用人体天然存在的蛋白去治疗以上提到的疑难病。例如,设法利用从人的血液中提取的白蛋白来预防和治疗疑难病, 用从人体白细胞中提取的干扰素治疗癌症等。可是这些贵重的人体蛋白含量极低,难以大量制备。

然而,当科学家研究成功基因工程技术以后,获取治疗疑难病所需的人体蛋白就成了现实。

1977 年 11 月,美国加州希望城医学中心的博耶和板仓等四人和加州大学的三位研究人员合作, 首次利用大肠杆菌产生了人脑中的一种激素——生长激素释放抑制素。这一成就引起了世界范围的震动。美国科学院院长汉德勒为此而欢呼:"这是科学上头等重大的胜利。这是世界上第一流的成绩。"因为这一实验的成功提供了进一步阐明高等生物基因表现的理论基础。这是什么意思呢?我们知道,前面介绍的无论是伯格的 DNA 重组工作还是科恩等人基因工程的实验工作,都是把两个病毒或噬菌体的基因拼接在一起，而这次是使大肠杆菌产生出人体蛋白——生长激素释放抑制素。病毒和噬菌体是低等的原核生物，而人体是高等的真核生物。另一方面，生产这种人体蛋白具有重大的经济价值。因为人的生长激素释放抑制素是一种多肽激素，它由 14 个氨基酸组成，可在脑、肠道及胰脏中合成。这种激素有广泛的生理功能，最主要的是能参与生长的调节。它能抑制生长素、胰岛素和胰高血糖素的分泌，可用来治疗肢端肥大症和急性胰腺炎等疾病。因为这种人体蛋白是药品，所以说细菌工厂能制造贵重的药品。

那么，大肠杆菌产生人脑激素的实验是怎样进行的呢？博耶等人认为，可以用化学合成法人工合成这种激素的基因，这样可以取代从复杂的人类基因库里分离这种基因的复杂工作。博耶等人首先把大肠杆菌染色体中的启动子分离出来。什么叫启动子呢？启动子好似电灯的开关，只有打开开关，电灯才能亮起来；而在生物体内，只有当细胞核里染色体上的启动子启动时，基因才能开始复制蛋白质。他们把分离得到的启动子连接到人工合成的生长激素释放抑制素基因上，而后再把这个基因和大肠杆菌的质粒连接在一起组成一个重组质粒。这个充当拖车的质粒携带着人工合成的生长激素释放抑制素基因进入大肠杆菌。当启动子在大肠杆菌中被启动时，生长激素释放抑制素基因也被大肠杆菌当作是自己的一个基因而充分地表达功能，于是在大肠杆菌细胞内就产生出了人脑生长激素释放抑制素。这种大肠杆菌已和原来的大肠杆菌不一样了，因为它带上了能产生生长激素释放抑制素的基因，所以叫做工程菌。把这种工程菌放进发酵微生物的发酵罐里，这种工程菌就不断地大量繁殖，这许许多多的工程菌的代谢产物里就有了许多治疗疾病的人生长激素释放抑制素。这些经过改造的大肠杆菌(还可以用枯草杆菌和酵母菌等)产生的工程菌，不就像一座能生产贵重药品的细菌工厂吗?

用这种细菌工厂生产贵重药品有什么好处呢?以大肠杆菌生产的人生长激素释放抑制素为例,我们知道,用常规的方法从动物脑子里提取人生长激素释放抑制素需要 10 万只羊的下丘脑才能得到 1 毫克的激素,其成本极其昂贵,而用基因工程构建的工程菌来生产人生长激素释放抑制素,价格可大大降低。同时,应用化学合成的人生长激素释放抑制素基因转入大肠杆菌所产生出来的激素比较纯,因为它不含异体蛋白,给人注射后不会产生过敏反应,也就是说不会因为用药给人体带来副作用。美国于 1976 年成立的基因技术公司已用基因工程的方法使大肠杆菌生产出这种人生长激素释放抑制素了。这种珍贵药品经过一系列报批和临床试验后,于 1983 年经美国食品与药品管理局批准并开始投放市场。

利用大肠杆菌生产的人生长激素释放抑制素试验成功以后, 人们又相继研制了用其他细菌产生的各种人体蛋白来治疗多种疾病。

目前, 世界上用基因工程技术构造工程菌来生产治疗疾病的人体蛋白,也就是用细菌工厂制造出的珍贵药品已接近四十来种。除去前面介绍的治疗不长个子的侏儒症的人生长激素以外, 还有治疗糖尿病的胰岛素,治疗心脏、肺、脑血栓病的组织血纤维蛋白溶酶原激活剂(英文缩写为 TPA),治疗肾功能受损引起的贫血和出血的促红细胞生成素(英文缩写为 EPO),能治疗病毒性疾病的干扰素系列等药品。

我们知道,目前,病毒性疾病、遗传病、心脏病、癌症等都是十分难治的病, 自从通过基因工程方法使细菌工厂制造出上面介绍的各种人体蛋白以后,人们便看到了治愈这些疑难病的希望。

例如,干扰素是人类或动物细胞产生的一种蛋白质,当人体受到病毒感染时,就会刺激细胞而产生干扰素;当分泌的干扰素与其他没有受病毒感染的细胞的细胞膜上的受体结合时,细胞就会产生抗体,抗体就会攻击和杀死病毒。

干扰素有三种:白细胞干扰素(α 干扰素)、成纤维细胞干扰素(β 干扰素)和免疫干扰素(γ 干扰素)。干扰素可用来治疗严重的病毒性传染病,如乙型肝炎病、丙型肝炎病、疱疹病等,还能抑制细胞增殖,具有免疫调节功能,因而表现出一定的抗癌作用。在相当长的一段时间里,由于干扰素只能从人体白细胞里提取,来源困难,所以价格非常昂贵。

1980 年,美国基因技术公司已能用基因工程技术制造干扰素了。科研人员设法将人体白细胞干扰素基因转移到大肠杆菌中,从而使细菌工厂制造出了珍贵药品——干扰素,纯度可达 90%。

美国食品与药品管理局已于 1986 年批准基因技术公司和拜尔金公司把细菌工厂生产的。干扰素产品投入市场。英国同样批准用细菌生产的 β 干扰素进入市场。日本也批准了 γ 干扰素进入市场。

我国研究成功的通过细菌工厂生产的干扰素是我国第一个产业化的基因工程产品。该产品经过 80 多家医院、2400 例临床试验证明,可治疗 30 多种由病毒传染的疾病,如乙型、丙型肝炎,宫颈炎,骨髓瘤,黑色素瘤,巨细胞病毒,淋巴瘤,脑瘤等常见病、多发病。据报道,α 干扰素还有抑制艾滋病的作用。其中,α1b 型基因工程干扰素为我国首创。

人们清楚地看到,运用基因工程技术制造珍贵药品给医药工业带来了巨大的革命性变化,给人类治疗疑难病带来了希望。

活发酵罐

　　前面给大家介绍了运用基因工程技术在细菌工厂制造珍贵的药品,可为人类治疗疑难病症。近几年来,学者们又研究成功不需要发酵罐而直接从转基因动物的奶或血液中获取这些昂贵的基因工程药品的方法。

　　什么叫转基因动物?转基因动物就是把所需要的人或动物的基因从人体或动物体里分离出来, 再把分离出的基因转移到另一种动物的受精卵里,然后把加工过的受精卵立即移入假母的输卵管里,让带有外来基因的受精卵通过输卵管进入子宫并着床发育, 如果生下来的幼畜体内带有外来基因,则称之为转基因动物。

　　具体操作:如果想培育一只能分泌人生长激素的小鼠,科研人员就要先分离或人工合成人生长激素基因,并把得到的人生长激素基因装进一个微量注射器里,然后把小鼠的受精卵取出来。我们知道,刚刚受精的卵里有两个细胞核,一个是来自父体的雄原核,另一个是来自母体的雌原核,这两个细胞核一旦结合到一块,受精就完成了,受精卵就会逐步发育成一个胚胎,胚胎细胞不断分裂特化,发育成一只小老鼠。科研人员把装有人生长激素基因的微量注射器插进受精卵,并把这个基因注射到比较大的雄原核里去。注射完后,就把这个受精卵移植到一只母鼠的输卵管里,让它进入子宫,并且在里面发育成一只小鼠。这只母鼠就叫做“假母”,也可以叫做“养母”。 “假母”生下来的小鼠经检测,如果体内带有人生长激素基因,那么这只小鼠就被称为转基因鼠。

第一个转基因动物诞生在 1980 年。美国华盛顿大学和宾夕法尼亚大学的学者把大老鼠的生长激素基因与小老鼠的一段管"开关"的基因拼接在一起,组成一个重组体,把这个重组体注射到小老鼠的受精卵里,再把受精卵移植到"借腹怀胎"的雌鼠体内,结果生下来的小鼠其生长速度要比普通小鼠的平均生长速度快 50%。而且,其中一只小鼠还把移植的基因遗传给了下一代。这一试验的成功,可以说是生物工程研究史上又一个里程碑式的重大进展,轰动了全世界。科学家们把这一研究成果——世界著名的"大老鼠、小老鼠"的照片,刊登在英国出版的享有盛名的《自然》杂志的封面上。

这个研究结果表明,转基因的方法可以用来改变动物的生长特性。也就是说,可以用转基因的方法培育体大、瘦肉型的家畜和家禽的优良新品种。这个方法启发了其他科学家,他们也试图通过转基因的方法在动物体内导入人体的特定基因,以实现用动物来生产人类所需要的药用蛋白质的设想。

当今,利用动物乳腺来生产药用蛋白质,是转基因动物研究与应用中相当活跃的领域。科学家们先将人的有关基因分离出来,然后导入家畜能产生乳汁的基因的旁边,让这两个基因共同使用一个"开关"。当家畜打开本身乳汁基因的同时,也打开了人体基因,这样在家畜的乳汁中也就有了人体蛋白质。

科学家们根据这个设想,把所需要的人体基因和家畜的乳汁基因拼接在一起组成重组体,把重组体基因注入受精卵,通过"借腹怀胎"的方法把加工好的受精卵移入"假母"子宫,这样生下来的小家畜的乳腺里便含有药用的人体蛋白了。

乳腺作为转基因动物的表达组织 (即能生产导入基因产物的组织)

有许多优点,因为动物的乳汁分泌期长,容易收集,而且蛋白质浓度高,如家畜的乳汁每升可生产数十克的医用蛋白质,而用其他方法生产只能达到毫克水平。而且利用转基因动物制药还有一个优点,就是其产物的活性比较接近天然的蛋白质。

利用转基因动物生产治疗疑难病的贵重药品不再是科学家的设想,在这方面已有很多成功的实例。例如,美国集成化遗传公司从转基因小鼠中得到了组织血纤维蛋白溶酶原激活剂 (TPA),可用来溶解血栓。又如,英国学者已成功地将人的凝血因子1X基因转入羊,使其分泌的乳汁中含有凝血因子1X,可用它来治疗血友病。荷兰的一个研究小组已成功地获得一头转基因乳牛犊,它的奶中含有人乳高铁蛋白,这种高铁蛋白有助于铁的吸收,并具有杀菌能力。苏格兰爱丁堡的制药蛋白公司和动物生理及遗传研究所的研究组已开发出转基因绵羊,可从羊奶中获得具有生理活性的人f,抗胰蛋白酶,此酶可用来治疗遗传性的肺气肿。

转基因山羊

美国DNA公司还成功地获得了能产生大量人血红蛋白的转基因猪,并已向美国食品与药品管理局申请进行血液代用品的人体试验。这种血液代用品便于贮存运输,不会污染人类病原体,不需冷藏,半衰期可达数月。以色列科学家于1995年1月通过转基因的方法培育出一只名为吉迪的转基因山羊,在这只山羊的奶中含有人体血清白蛋白。我们知道,血清白蛋白是人体血浆的主要成分,历来从人的血液中提取,但是由于害怕感染艾滋病和肝炎,人们现在已不愿意使用以这种方法提取的血清白蛋白了,而用转基因动物生产的人体血清白蛋白就能避免病毒的污染。芬兰一家公司将促红细胞生成素(EPO)基因转入牛体内,生产出带有 EPO 基因的牛奶。这一研究成果虽还未通过临床试验,但已引起了很大的轰动,因为这样一头牛分泌的奶里含有的 EFO 价值达 42 亿美元。我国上海医学遗传研究所与复旦大学遗传研究所合作,利用转基因的方法获得了 5 只含有人凝血因子 1X 基因整合的转基因山羊, 其中一只山羊已进入泌乳期,其乳汁有治疗血友病的凝血因子 1X 蛋白的特异表达。

利用转基因技术生产珍贵药品有许多好处。以白蛋白为例,美国一年需要 10 万克,需从 200 万升血浆中提取,而用转基因牛来生产,以每千克乳汁含 2 克白蛋白计算,只需 5000 头牛即可解决。此外,从人血中提取白蛋白等血清蛋白质,还可能感染病毒,如肝炎、艾滋病等,而用转基因动物得到的产品则可避免感染。又如,在世界上只要培育出 300 只能从乳汁中分泌组织血纤维蛋白溶酶原激活剂(TPA)的奶山羊,即可供全世界心脏病患者使用。

但是要想得到理想的、产量高的"家畜制药厂",现在还是非常困难的,因为需要经过大量的筛选工作。另外也要注意,虽然从家畜的奶汁里生产的药用蛋白可避免人类病原的感染, 但也要注意动物本身带有的病原,因为有些疾病是人畜共患的。

通过上面的介绍,我们知道了什么是转基因动物,知道将奶牛、奶羊等改造成为"家畜制药厂"是完全可能的。科学家们预计,过不了几年,一些动物饲养场将会变成制造珍贵药品的动物工厂。到那时,转基因动物不就变成了奇妙的活发酵罐了吗?

什么是人工创造新植物

——抗病除虫有新招

植物本是天然生长的，怎能用人工方法去改造植物和创造新植物呢？正如前面介绍的，自从基因工程研究成功以后，用基因工程的方法可以改造植物使之产生新的功能，成为地球上没有的新品种，这种新品种就称为人工创造的新植物。

怎样创造新植物呢？这和转基因动物的改造方法一样，也要利用基因工程的方法培育转基因植物。首先要把所需要的外来基因准备好：一种方法是把外来基因接到农杆菌中，让带有外来基因的农杆菌去感染植物细胞，从而把外来基因带进植物细胞，使它和植物细胞的 DNA 相结合；另一种方法是用基因枪。基因枪是什么呢？基因枪是美国康奈尔大学的研究人员发明的一种专门用来把外来基因注射到细胞里的仪器。基因枪里装着上千粒微小的金属钨粒子，这些钨粒子表面包着外来基因。当用基因枪注射时，微粒穿过细胞壁进入植物细胞里边，同时，也把外来基因带进细胞里去。我们知道，植物细胞有"全能性"，就是说一个体细胞能发育成为一棵植株，把带有外来基因的植物细胞培育成新的植株，外来基因的遗传性状就会在新植物里表现出来。所谓的新植物，是指和原来植物的遗传性不一样的、地球上原来没有的植物品种。用转基因方法培育新植物有什么用呢？我们知道，农作物产量的高低、品质的好坏、抗病虫能力的强弱等，都是由农作物的基因决定的。例如，有的农作物能抵抗病虫害,这说明它的体内有抗性基因;有的作物能在寒带、热带、沙漠地带、盐碱地带、涝洼地里生长,这也是由它们的基因决定的。目前科学家已能够把植物的基因分离出来,通过转基因的方法把一种植物的基因转入另一种植物中去。此外,科学家还能把微生物(细菌、病毒)的基因转移到植物里去。

科学家们利用转基因方法培育新的优良农作物品种已有很多成功实例。1982年,美国孟山都公司和比利时根特大学的科学家宣布,他们分别成功地把细菌抗卡那霉素的基因转移到向日葵、烟草和胡萝卜等农作物细胞中,使这些农作物具有很强的抗卡那霉素的能力。这是用转基因方法培育新植物的一个开端,是一项重大突破。我们知道,微生物的生存能力很强,例如,有些细菌能在高温、干旱、盐碱性等恶劣条件下生存,这些性状正是农作物所缺少的。这就启发了科学家把这些微生物的特性转移到农作物上,使农作物在不利的生长条件下也能丰收。

有一种细菌叫苏云金杆菌,它能产生一种毒蛋白,有些危害农作物的害虫吃了这种毒蛋白很快就会死亡。1986年,比利时的科学家把能产生苏云金杆菌毒蛋白的基因转移到烟草细胞中,当这种烟草长成后因含有苏云金杆菌毒蛋白的基因而产生毒蛋白,害虫吃了这种烟草后两天内便死亡。由此可以看出,这种转基因烟草已和原来的烟草不一样了,它是经过人工改造的新植物。

此外,科学家们还把这种苏云金杆菌产生的毒蛋白基因转移到那些定居在植物根系周围的微生物的细胞内,使这种工程菌能在植物根部杀死害虫。日本的一家公司把苏云金杆菌毒蛋白基因转入大肠杆菌,把这种改造过的工程菌放进发酵罐里发酵,再从发酵液里提取出苏云金杆菌毒蛋白,用这种没有受到环境污染的新型生物农药来防治农作物病虫害。

我国在利用苏云金杆菌毒蛋白进行转基因植物研究方面也取得了很好的成绩。例如,中国农业科学院等单位的专家把苏云金杆菌毒蛋白基因转入棉花，获得了抗虫能力在80%以上的13个转基因棉花品系，对棉花的大敌——棉铃虫的抗虫效果明显，现正在进行田间试验。

中国科学院微生物研究所和中国林业科学院林业研究所合作，把苏云金杆菌毒蛋白基因导入欧洲黑杨树，获得了转基因抗虫植株。这种转基因欧洲黑杨树可使舞毒蛾和杨尺蠖害虫的死亡率高达100%，这在世界上尚属首次。

美国盂山都公司研制成功的带有苏云金杆菌毒蛋白的转基因马铃薯和抗虫棉花的产品也已形成商业化并投放市场。

利用转基因植物减少植物因虫害造成的损失已取得了重大成果，利用转基因植物防止农作物的病毒感染也有许多成功的实例。

植物病毒病每年都使农业遭受严重的损失。科学家们通过转基因技术把病毒外壳的蛋白基因转移到农作物里，使农作物能抵抗病毒的感染，有人称之为作物疫苗。美国盂山都公司把烟草花叶病毒外壳蛋白基因转移到西红柿细胞里，这种能表达病毒外壳蛋白基因的转化细胞在实验室里长出了完整植株，经田间试验，效果显著。现在，抗病毒西红柿的商业化产品已投放市场。这家公司用转基因的方法还培育出了抗病毒的烟草。

我国科学家在利用转基因植物进行农作物抗病毒的研究上也取得了很好的成绩。如中国科学院微生物研究所培育出了抗烟草花叶病毒的烟草，还培育出了同时能抗烟草花叶病毒和抗黄瓜花叶病毒的双抗转基因烟草，1992年在河南省进行了双抗转基因烟草大田试验，此烟草表现出了良好的抗病性能。

无论病毒还是虫害都会使农业遭受巨大损失。以美国为例，一年里因病虫害导致西红柿损失5000万美元，小麦损失9500万美元，据统计，美国一年里由于病毒危害农作物造成的损失高达二十多亿美元。然而，通过转基因方法，科学家将会培育出大批能抵抗病毒和病虫害的新品种。

克隆技术时代

科学机理

  "克隆"一词最初源自英文 clone 的音译,科学家们常用它来指由无性繁殖得到的一群细胞,即不是通过精子和卵子结合而繁殖得到的一群细胞或细胞系。克隆的本质就是无性繁殖。

  哺乳类动物和我们人类都是通过性细胞(精子和卵子)结合成合子(受精卵),再由合子分化发育而来的。而通过克隆方法得到的细胞群或由未受精的卵细胞分化发育而来的个体,则不存在性细胞的结合问题。我们先以单克隆抗体为例来说明这一点。科学家们先通过某种方法获得一只分泌一种抗体的杂交瘤细胞,然后给予充分的条件让这个细胞分裂、繁殖,成为一群细胞。这群细胞或称细胞系,都是一个细胞的后代,具有相同的性状,因此都能够产生一种抗体。这群由一个单细胞经多次分裂繁殖而来的细胞群被称为单一的细胞克隆。由此产生的抗体被称为单克隆抗体。另一种情况是分子克隆,分子克隆实际上是基因克隆技术的别称,指的是通过一定的方法得到含某个特定基因的单一细胞或细菌,再进行大量繁殖,就得到了包含该基因的单一细胞克隆。这种细胞克隆既可以提供足量的目的基因供我们研究,也可以用于制造我们所需的该基因的蛋白质产物。单克隆抗体技术和基因克隆技术都是20世纪伟大的科学发明,它们的创立者都为此获得了诺贝尔奖。这两种技术操作工艺上差别极大,可它们都有一个共同的特点,就是要筛选出通过无性繁殖而来的单一细胞群。

世界卫生组织在关于克隆的非正式声明中定义:克隆为遗传上同一的机体或细胞系(株)的无性生殖。

根据上述的诠释和定义,我们将克隆分为4个层次:微生物或细胞、植物、动物和人,以及在自然界发生的克隆和只有人工条件下发生的克隆。

本身并不神秘

随着生物科学的发展,克隆的内涵也在不断扩大,只要是从一个细胞得到两个以上的细胞、细胞群或生物体,就可以称为克隆。

从基因角度看,克隆体和母体的遗传物质是完全相同的。英国科学家产生克隆羊所使用的技术就相应地被称为克隆技术,该技术是基因工程技术的一个重要组成部分。

植物的克隆技术比较简单,发现和使用较早。这是因为植物细胞是所谓的全能细胞,经过适当培育,即可以发育成一完整植株。所以,克隆植物是相当普通的一件事。而动物的克隆技术发展较慢,这是由于动物的体细胞并不具有全能性。使用已经高度分化的动物体细胞无法直接培育出克隆动物。几十年来,科学家们一直孜孜不倦地探讨哺乳动物的克隆问题。近十几年来在此领域中已取得了不少进展。

克隆的手段有多种类型,包括胚胎切割、细胞核移植等。在多莉降生之前,细胞核移植就是用机械的方法,把一个称之为"供体细胞"的细胞核移入另一个去除了细胞核的细胞质中。核移植采用的供体细胞有两种,一种是胚胎细胞,一种是体细胞,但二者有着本质的区别。胚胎细胞是由受精卵发育而成的胚胎的细胞,故胚胎细胞克隆属于异体复制,复制的是提供受精卵胚胎的动物的下一代,相当于生了个"多胞胎";而体细胞克隆属于自体复制,"拷贝"的是提供体细胞的动物本身。从技术操作的难度来看,前者难度小,后者难度大。

在多莉降生之前,世界各国克隆动物都是用胚胎细胞作为供体细胞的,而胚胎细胞是有全能性的。就是说,把胚胎细胞的细胞核移植到去除了细胞核的卵细胞后,还能形成完整的个体,恢复到受精卵状态,从而发育成生物。英国科学家这次是用单体细胞作为供体细胞,但单体细胞是失掉了全能

性的。他们用特殊方法处理后使体细胞恢复了全能性,小绵羊多莉也就成为世界上用体细胞克隆哺乳动物获得成功的第一只克隆动物。与以往的克隆动物最大的不同在于,它是世界上第一只只有母亲、没有父亲的哺乳动物。这就不难理解,为何以前科学家已用胚胎细胞克隆培育出了兔、牛、羊、猪等但都没有引起轰动,而"多莉"一下子成为全世界关注的焦点,被国际科技界称之为20世纪最重要的科技成果之一。

在这次的"克隆羊"风波中大出风头的"细胞核移植技术"领域,中国也堪称世界一流。1993年,中国科学家用胚胎细胞"克隆"绵羊获得成功同年,中国科学院发育生物学研究所杜森在世界上第一次用继代细

胞核移植的方法,获得了一批"克隆羊"的第二代。1995 年,中国科学家又成功地获得了胚胎细胞"克隆牛"。西北农业大学利用滋养层细胞作为供体细胞克隆山羊,也已经生育成功。这项技术虽不及英国克隆羊,但已超过了传统的胚胎细胞核移植。目前,中国已经能克隆鼠、兔子、山羊、牛、猪五种哺乳动物。就克隆的动物种类来说,是绝大多数国家所无法比拟的。这些成绩,都是在"七五"末到"八五"间短短的几年内取得的。我国以前这方面的成果,报道时多用"核移植"这个词,因此尽管中国克隆技术也很先进,但是国内的人对"克隆"这个词还是有些陌生。中国目前在克隆方面水平较高的科研单位很多,有中国农科院畜牧所、中国科学院发育生物学研究所、西北农业大学畜牧所、江苏农科院畜牧所、广西农业大学等。

继 1996 年 7 月英国科学家克隆出多莉后,美国俄勒冈灵长类研究中心唐·活尔夫领导的科研小组在同年 8 月份用胚胎细胞克隆出两只猴子。其具体做法是,先用人工受精卵分裂成含有 8 个细胞的胚胎时,研究人员将 8 个细胞逐个分离,再将每个细胞中的遗传物质的卵细胞发育成胚胎后,再将其移植到母猴体内。利用这种方法,俄勒冈研究中心共培养成 9 个胚胎,移植后使 3 个母猴怀孕,其中两只母猴顺利产下小猴。美国科学家宣布这一结果后在社会上引起了强烈反响。尽管克隆猴是用胚胎细胞克隆而成,但由于猴跟人是十分接近的哺乳动物,所以这一结果无疑起到推波助澜的作用,使尚未平息的"克隆羊"风波又掀起了新的浪潮。

"克隆羊"及"克隆猴"风波在全世界范围内引发了一场关于科学与伦理、科学与生命、科学与人类未来命运的大争论,各国政府要员、知名科学家、社会学家、伦理学家和普通老百姓,也都纷纷加入到这场空前的大论战之中。

干细胞造人体

人类胚胎干细胞可能并不是修复被毁坏器官所需组织的唯一来源。科学家正在探索各种替代性方法，以回避围绕着胚胎干细胞的伦理争议。这些干细胞是通过破坏人类胚胎获得的，而一些人把人类胚胎看作人的生命。

尽管如此，替代性的方法可能很难达到胚胎干细胞所具有的潜力。这些细胞有两个特色使之对再生医学具有吸引力。它们是万用的，因为它们能够被转变成人体的任何其他类型的组织或细胞，起码在理论上是如此。它们还能够很容易地在培养时繁殖，从而提供细胞的充足供应。以下是对替代性方法的评估。

成年人干细胞

成年人的干细胞是人们最经常提到的替代选择。某些组织，比如骨髓和脑髓，存储着少量的、供人体用来更新其组织的干细胞。

这些干细胞与胚胎干细胞相比，功能可能比较有限。例如一个神经干细胞可能转变成大脑细胞，但却不能转变成心脏或肝脏细胞。一种类型的成人干细胞已经被用来医治疾病。骨髓的移植实际上是移植造血干细胞，这种细胞生成各种类型的血细胞，使免疫系统再生。

但许多科学家怀疑成人干细胞是否会像胚胎干细胞一样有用。成人干细胞极为罕见，而且很难分离和提纯。它们对于所有组织来说可能并非都存在。此外，科学家们还没有研究出如何大量培养成人干细胞。

但一些成人干细胞却可以大量获取。来源于脐带的血液已经被大量储存，用于需要移植骨髓的患者。脂肪也可能产生于细胞：北美洲的一家公司说，它能够从脂肪中提取干细胞。这些细胞能够转变成脂肪、骨骼和软骨，并可能转变成神经细胞。

其他细胞

与成人干细胞相比，另外一些类型的细胞可以获得的量比较大。新泽西州的"人类创造"生物技术公司说，它已经从人类胎盘中分离出干细胞。该公司声称，这些细胞的用途与胚胎干细胞一样多。但它并没有公布自己的任何数据，并不肯透露其合作者。

几家公司已经制造人造皮肤用于修复伤口，所使用的不是干细胞，而是从包皮环割后的包皮中获取的细胞。

动物细胞能够很容易地获得，尽管它们有可能把动物病毒传染给人。马萨诸塞州的一家公司已经在人体上试验从猪的胚胎中获得的神经细胞，作为对帕金森病等大脑疾病的一种治疗。

药物

如果人体包含成人干细胞，以帮助再生组织，则有可能向人们提供一种将会激活这些细胞和使人体得以自我修复的药物。药物与移植的细胞或组织不同，不会被患者的免疫系统拒绝。

斯坦福大学神经病学教授莫布利正在对一种能够引起神经生长的药物进行实验,他说:"这完全避免了外来组织的问题,完全避免了在使细胞进入时损伤大脑。"

采用药物已经获得了一定的成功。生物技术产业最畅销的药物"促红细胞生成素"是一种人体蛋白质,注射后引起人体制造新的红血球。但为了利用称为生长因子的蛋白质来刺激人体生成新的脑细胞或血管而做出的努力却失败了。

单性生殖

在某些动物物种中,雌性不需要雄性来进行繁殖。"她们"的卵子能够在不受精的情况下转变成胚胎。这种繁殖称为单性生殖,并不发生在哺乳动物当中。但一些科学家正在试图利用化学药品把未受精的人类卵子转变成胚胎,以从中获取干细胞。

科学家们认为,这种单性生殖的胚胎可能永远也不会变成婴儿,即使被置入子宫也是如此。因此破坏这种胚胎来制造干细胞可能不会引起像破坏一般胚胎那样的道德问题。此外,从单性生殖胚胎中获得的组织还与捐献卵子的人的组织十分相似。因此一名妇女可以捐献自己的卵子来为自己制造组织,而她的身体是不会予以拒绝的。

一些反对进行胚胎干细胞研究的人说,破坏单性生殖胚胎可能并不比破坏一般胚胎能够接受。此外,单性生殖胚胎缺少父系染色体,因而可能会畸形发育并产生异常的组织。利用单性生殖胚胎来为患者定做组织也不适于男性。

减轻分化

减轻分化的想法也叫做细胞程序再设计，它的目的是使专门化的人体细胞比如皮肤细胞，恢复到一种像干细胞一样的原始状态，以便于使之转变成各种类型的组织。

这一程序再设计在克隆过程中发生，这时一个皮肤细胞的核被置入到一个已经被去除了自己的核的卵子之中。卵子细胞中称为细胞质的材料能够对成年人细胞的程序进行再设计。然而克隆产生一个胚胎，从而引起伦理问题上的反对。但一些科学家正在试图利用卵子的细胞质，在不制造胚胎情况下重新设计成人的细胞。例如可以想象一下把一个卵子内部物质置入一个皮肤细胞之上来重新设计该细胞的程序。这样一来，被毁坏的会是一个卵子而不是胚胎。

跨越分化

迫使一个皮肤细胞恢复到其原始状态来使这个原始状态的细胞转变成一个大脑或心脏细胞，这可能是一种绕弯子的做法。把皮肤细胞直接转变成大脑或心脏细胞也许是可能的。

挪威和美国的科学家们利用成纤维细胞的细胞核对此进行了尝试，这种细胞产生人体的结缔组织。他们在 T 淋巴细胞的细胞核与细胞质的混合物中孵化了这种细胞核。该成纤维细胞核获得了 T 淋巴细胞核的许多特征，这一证据表明它们的程序已经被重新设计。

其中一位科学家罗比说："可以肯定，长期的目标是要能够把一个细胞类型直接转变为另一个细胞类型。这项研究提供了初步的证据，表明这也许是可能的。"

161

脑袋切换的神话

换脾、换肺、换肾、换心及最近的换手,医学界人体器官移植手术发展得如此之快,一些医生开始思索人体器官移植的终极梦想——换头!当然,从另一个角度,也可以说,换身子!

早在 1908 年,前美国著名的医生兼药理学家查尔斯·居特里就曾尝试着把一只小型混血种狗的脑袋嫁接到另一只大型犬的脖子上,但没能成功。

1950 年,前苏联科学家戴米科夫开始进行换头术的实验——把混血种小狗整个前半截身体安到大犬的脖子上。经过无数次的实验,戴米科夫的"双头犬"至少有一只活了下来,并且活了整整 29 天。

直到 1970 年,美国俄亥俄州克利夫兰的一个医生怀特又声称换头手术获得成功。据说经他换头的猴子最长的活了 8 天时间!

最为轰动的换猴头手术是在 2000 年 8 月进行的。怀特教授透露说,经过近三十年的实验,他们对换猴头手术已经做到了绝对娴熟的程度。在最后一次移植猴头手术中,两只互换了头的猴子在手术结束后 6 个小时内就苏醒了过来。

"苏醒得如此之快真是太让我们振奋了。更让我们感到振奋的是,它们不但是眼睛盯着我们滴溜溜地转,而且还能听我们说话,能尝出食品的味道,会摸自己的脸!"直到这时,怀特和他的同事认为下一步就可以进行人头移植实验了。

在怀特教授看来，给猴子换头和给人类换头除了体型大小和生物种类不同外，其他方面几乎没有什么差别。"实际上，给人换头甚至比给猴子换头容易得多，因为人的血管和其他人体组织要比猴子的血管和身体组织大得多，而且医生们给人做手术的经验比给动物做手术的经验要丰富得多。"

他们宣称，经过长达三十余年的不懈努力，已完成了换头术第一步的准备工作，比如说他和他的同事发明的最新先进的医疗设备能把准备换头的头部血液循环的温度降低到10摄氏度以下。降温的成功使得在换头手术中人头可以不供血的时间超过一个小时。

在换头手术过程中，医生们将通过安在头皮下的电子传感器密切监视着大脑的反应。要换的人头还用特殊的器件固定在手术台边上，确保人头的状态稳定，并且顺利换到身体上。

换头手术的手术室需要特别设计的，大小相当于普通手术室的两倍，因为它得容下两个手术小组同时进行手术。

怀特教授能设想的手术过程是这样的：当两个病人完全麻醉之后，两个手术小组将在轻音乐的伴奏声中开始史无前例的手术。他们分别切开两个病人的脖子，小心翼翼地分离出所有的肌肉和组织，仔仔细细地理出颈动脉、颈静脉和颈神经；紧接着，医生们得赶紧用能防止血栓形成的肝素包住所有的导管，确保大脑能得到充足的血液循环，这样的话也就保证大脑不会缺氧；然后，医生们将剥离两个病人脖子脊柱上的骨头，切开脊髓四周的保护组织；在脊髓和脊柱成功分离之后，其中一个病人的头就能取下来，立即转移到与第二个病人人体循环相连接的试管内，当然第二个脑部已经死亡的病人的头已经在这之前取掉了；这些至关重要的手术完成后，医生们将一根一根地清理血管，把它们一对一地缝接到新身体上。已经打开的脊柱将用金属片来缝合固定，至于肌肉和皮肤将逐层缝上。

就换头术的技术而言，怀特以及同事们最担心的不是手术的本身是否会成功，而是手术成功之后如何保证新的身体不会排斥嫁接过来的人头这个"外来户"；反之亦然，这颗人头会不会排斥他的新身子。除此之外，怀特不敢完全保证现有的药品能不能成功抑制这些排斥反应。另外，按现有的技术，就算换头手术非常成功，但病人康复后也无法站立或者行走，只不过是延长了生命。至于手术后，这个换了身体的新人是否会走能跑还能跳，关键是取决于人类能否发展出复原脊柱的医学技术。

对于怀特来说，他现在面临的最大挑战并非换头医术，也不是手术的成败与否，而是传统医学道德和社会伦理施加的阻力。

当怀特三十年来一直从事换头手术研究之事曝光后，人们在惊讶之余，传统医学道德和社会伦理界立即向他发起了铺天盖地的猛烈抨击。手术潜在着巨大的失败风险，对社会伦理也将造成巨大冲击。比如说换头术成功之后，那么就算新的身体能被人头所接受，那么换头人的妻子和家人能接受这个新身份吗？社会和周围的人到底应该承认他这个人头的身份还是身体的身份呢？

面对着如此猛烈的抨击，怀特教授非常坦然："如果有谁愿意捐出身体的话，我愿意把自己的脑袋当成第一个换头手术的实验品！"

当然，怀特教授大可不必拿自己的脑袋做实验。已经有一个自愿表示需要切头换身体的病人了，怀特教授将在他身上初试牛刀。

那是美国俄亥俄州一个名叫"威托威兹"的男子，当然，这不是他的真名实姓，也不会接受记者的采访。不过，怀特教授以书面声明的方式向媒体通报了这名切头换身男子的简况和他本人的意愿：这名男子在19岁时因潜水发生意外，四肢瘫痪。医生曾预言魏托威兹将活不久，但他今年已50岁,但与大多数四肢麻痹患者一样,如果按这种病情正常发展下去的话,那么他最后将因器官衰竭而死,所以他表示:"如果让我在死亡和换身体手术之间作抉择的话,我选择换身体。"至于捐赠者的身体肯定是来自宣告脑部死亡的病人。怀特说,脑死者已经是多种器官的捐赠者,所以并没有新的道德问题!

然而,消息从美国传出后,人们纷纷表示怀疑,专家们认为从技术角度,目前人类医学的发展还远不足以解决换头手术遇到的种种问题。比如,换头的关键是神经细胞再生,而人体呼吸和心跳的控制中枢——延髓,是根本无法再生的。换人头绝对不是一个简单的人体器官移植手术,因为人头是一个综合、复杂的人体组成部分。别的不说,光从免疫学上来解释,现在的医学技术也是不可能达到换人头要求的。再则换人头后思想意识都不是自己的,这种试验是没有任何意义的。最重要的是,换头手术如果在技术上完全没有问题,脊柱瘫痪病人的治疗由于具有类似的技术背景,也将不成问题,这么说来,还有什么必要兴师动众的"换一个脑袋"?估计那位"威托威兹"也万万不肯舍弃自己的身躯了。

著名的"科学打假"先锋,我国的留美生物学博士方舟子,将这则新闻收入了伪科学新闻专栏"立此存照",并指出:"智力稍正常者都不会相信。"

方舟子在美国设立的新语丝网站是一家以揭露伪科学为主旨的网站,"立此存照"栏目因揭露学术界丑闻和反伪科学而闻名。此前的"基因皇后"、"核酸营养"事件都是首先在此栏目被曝光的。

方舟子首先指出了"换头手术"消息中诸多有悖常理之处。所谓48岁的怀特医生在此次换头手术前已做过1000例脑手术就不可信,就算他一天做一例,也要从18岁做起!"换头手术"至少违反了一条医学基本常识——坏死的神经细胞不能再生,所以断掉的脊神经是不可能再接起来的。这位海外学者的观点与国内医学家的判断不谋而合。

那么,这样耸人听闻的新闻从何而来?这大概是从美国超市小报上抄来的。美国有一类报纸专门以编造各种稀奇古怪的新闻为生,往往还都附上假照片,智力稍正常的人都不会信以为真。而且美国电视台 ABC 的新闻,无此报道。可笑的是,国内有媒体很正经地报道了此事,令人费解。

怀特教授曾经兴奋回忆道:"英国女作家玛丽·W.谢莉 于 1818 年创作的《弗兰肯斯泰因》(一个创造怪物而自己被它毁灭的医学研究者)这本书对我的影响实在是太大了。自打小我读了这本科幻小说之后,我就梦想着有一天我能成为一个'造人术'高超的超级医生,也就是我能像小说中的医学研究者那样把人体的不同器官缝接起来,重塑一个全新的人;当然了,我相信自己决不会落得个那本科幻小说中主人公那样的可怕结局! 现在,我终于敢说,科幻小说中的换头术,或者换身体术一定会在 21 世纪初变为临床现实! 我这一辈子的终极梦想快要变成现实了! "

也许,这个梦想的确太荒谬了。

记忆能否移植

"21世纪的一个傍晚,在一个忙碌的实验室里,一群科学家欢呼起来了。他们刚刚成功地把爱因斯坦的记忆移植到一个当代人的头脑中。一夜之间,全世界都轰动了,几乎所有的人都在疑惑:这个'爱因斯坦'会做出什么伟大的事?"

这是1999年一篇优秀的高考作文的开头。这一年的全国高考作文的要求是:以"假如记忆可以移植"为作文的内容范围。这样一道充满科学幻想味道的作文题似乎令许多考生感到耳目一新。

移植记忆,多么诱人的话题!可是,从科学技术的角度看,究竟有没有记忆移植这一回事?换句话说,人类有一天真的能够达到记忆的移植吗?

为了解答这个问题,我们先来看看,为了记忆,大脑是怎样工作的。

有人认为,人的记忆就像分门别类放在大脑各个"仓库"里的"激光录像盘",当刺激大脑某一点时,就可能使那儿所保存的一段"录像"重播出来;而由于大脑是个整体,一段"录像"又可能引发另一段"录像"的重播,这样积累得多了,甚至可能引发相关系列的"录像"重播。

加拿大医生潘菲尔德曾以局部麻醉的方法为癫痫病人打开头颅骨,使病人在清醒的状态下接受治疗。当他以微电极触及大脑组织"海马"的某一点时,病人就唱起童年时唱过的一首歌;当触及大脑左侧的"颞叶"时,病人就说看到有个人牵着狗从家乡小屋前走过,而这病人只有在童年时代回过家乡。

据研究，"记忆"分为操作性记忆(骑自行车、游泳等技能)和叙述性记忆。操作性记忆存储在小脑里，叙述性记忆则存储于4个关键组织：海马、颞叶、脑垂体和下丘脑。海马可短暂记忆，颞叶、脑垂体的记忆时间较长，而下丘脑记忆时间最长。空间记忆的通路是脑内视皮质——海马——下丘脑；感情记忆的通路则是脑内视皮质——脑垂体——下丘脑。此外，可能还有几十条其他的记忆通路，使人们能记住丰富多彩的外部世界信息。也就是说，在大脑里，不同类型的记忆是储存于不同的"仓库"里的，要提取哪种类型的记忆(即回忆)，就只能到相应的"仓库"里去找。大脑的储存和提取信息的功能，就像非常精确的超特大型电子计算机一样，已经完全系列化了。

但是，通过记录大脑中血液流量的增减，科学家们发现，记忆并不是像电脑字节那样分区储存的。的确，在大脑中存在着区域性"特长"：对规则动词和不规则动词，对骆驼的图像和扳手的图像，对一件物体的颜色和它的功用，大脑是分别利用不同的细胞群来处理的。但是一个记忆或思想会同时激活大脑的许多不同部位。当外部世界的信息通过感官涌入时，连接脑细胞之间神经冲动的血液信号会迅速传遍大脑。当同样的信息再次输入时，这些化学连接得到了强化，同样的信号会更迅速地传至目的区，并且会被所有这些细胞认出是曾经接受过的。

大脑学专家丹尼尔·阿尔康认为，储存的记忆，就是一系列化学变化形成了一个特别的神经元"集合"。每个集合内部数目庞大的相互连接，也许能解释为什么一个片断记忆——某个词、某种颜色或气味——就能激活整个记忆。

化学信号是记忆形成的关键，这一点可以通过对鼠类和果蝇等生物的研究得到证明。只要改变大脑与神经传递有关的蛋白质的摄入，记忆过程就会产生变化。摄入超剂量的脑蛋白CREB的果蝇，受到一次电击以后,就能够学会对电击处避而远之,而正常的果蝇需要平均受电击 10 次才能做到这一点。如果阻止 CREB 或另一种蛋白 BDNF 的摄入,这些动物则几乎无法形成持久的记忆。被剥夺了 BDNF 的老鼠,会在迷宫里漫无目标地乱走,直至饿死,而正常的老鼠早已记住了通向食物的捷径。

关于记忆,还有一些奇怪而有趣的现象,现在科学家们还是无法给予解释。

比如受到脑创伤的不幸者,会表现出奇异的症状。在人脑中有一区域称为"海马区",许多损伤了这一区域的患者,只能记住受伤前的事,却记不住受伤后发生的事。海马区似乎是一个中枢,所有新的经历在形成记忆之前都要通过这里。该区域受损后,患者真正成了过去的俘虏。但他们也能学会新的技艺,如高尔夫球或桥牌。他们每次都会有所长进,不过始终会认为自己是第一次接触这种游戏——技艺培养是一种独特的记忆,是由另一个不同的脑区域控制的。

而有一些损伤了所谓基本神经中枢区的患者,其症状恰恰相反:他们会把某项技艺,例如弹钢琴,练习 100 次,对上课的经历记得清清楚楚,而弹奏技术却毫无进步。

英国研究人员曾经发现 3 个脑部受损的儿童,他们记不住有关自己的事,却能记住一般的事情,比如英国女王是谁。一个名叫尼尔的 10 多岁男孩的情况更是令人惊奇:脑瘤破坏了他形成新的记忆能力,至少形不成他可以说出的记忆。在被问及放学回家路上的见闻时,他回答说不知道。而当被要求写下他的见闻时,他能够正确地报告所看到的郁金香和注意到的人,尽管在这之后他会问:"我写了什么?"并且为自己刚刚亲手写下的经历而感到吃惊。

即使是百分之百正常和健康人的记忆,也是变化无常,其中有无穷的复杂性。例如,当人们被要求回忆一个事实,如近期一台晚会上有多少人时,他们往往"看到"自己身在其境;当被问及对晚会的感觉如何时,他们的视角会立即转换,变为用自己的眼光来"审视"记忆。

即使我们自认为记得很清楚时,记忆也并不像完美无缺的照片,而是更像从几根骨头还原成的恐龙模型,只是一个大概的估计。美国哈佛大学记忆专家丹尼尔·沙克特认为,人们回忆的时候,就好像考古学家从一些遗迹重塑出一个个场景。研究人员曾经从美国纽约的现代艺术博物馆中取走一幅名画,并对天天与画打交道的馆内工作人员进行了测试,结果发现每个人只能记住该画的某些方面:馆长记住的是画的主题,维护人员主要记住了画的尺寸和清洁难度,保安人员记得画颜色鲜艳。没有一个人能全面描述这幅画。

这样的反常现象,使得对大脑工作机理的研究复杂化,但也提供了重要线索。不过在目前,用于扫描大脑的摄影技术还远远不能定位某个记忆的存在位置,它们分别不出大脑的相邻区域,而且速度太慢,也捕捉不到高速运行中的神经元的闪动。即使科学家们能够收集到所有这些数据,他们仍然会面对更复杂的问题,那就是记录 1 亿个神经元的活动,并弄清它们之间几亿亿个连接的实质。

记忆的奥秘,还远远没有被清楚明白地揭示出来。不过不要紧,这并不妨碍科学家们做一些和记忆相关的尝试。比如,移植记忆就是科学家们很感兴趣的一个课题。

1965 年,美国、丹麦和捷克斯洛伐克的一些科学家做了许多实验,以此来观察记忆是否可以移植。这些实验中最引人注目的要算是美国心理学家麦康纳尔的蜗虫实验:他反复亮灯并用微弱电刺激蜗虫,这些蜗虫最终形成了触电避光的记忆,随即将其磨碎,喂饲给没受过训练的蜗虫,后者吃后同样获得了触电避光的记忆。当时麦康纳尔认为,特殊的记忆,不仅存在于脑中,而且遍及全身各细胞。

170

1966 年，麦康纳尔考虑到蜗虫属于低级动物，与人类的进化水平相距甚远，他和许多科学家一样，开始用哺乳动物来做记忆移植的实验。他想到，哺乳动物不能像蜗虫那样"吃"进记忆，因为他们有发达的消化道，会将记忆与食物一起消化分解掉。于是，他对大白鼠进行了"注射"记忆的实验：他在笼子底部给予电击，大白鼠立即逃到笼架上，等它跳下来时再行电击，大白鼠又逃上架子。如此反复训练，大白鼠终于记住了这个"教训"，再也不肯下来。然后把这些大白鼠的脑磨碎，将其脑提取液抽出含有核糖核酸的物质，注射到从未接受过电击试验的大白鼠体内，结果后者也像尝过电击的滋味，呆在架子上不肯下来。

稍后，加拿大神经科学者斯克里玛以大鼠拒饮糖精液作为味觉厌恶行为的客观指标，进行了记忆移植实验：大鼠在五天内被剥夺饮水的权利，每天只给它们供应自来水 30 分钟，并于第六七天改饮糖精液，动物由于条件反射而厌恶糖精液。之后把这些大鼠处死并制出其脑的提取液，经硬脑膜注射到对糖精液不厌恶的正常大鼠体内。结果表明，这些正常大鼠也对糖精液产生厌恶反应。

最引人注目的是 1978 年原联邦德国生物学家马田做的蜜蜂记忆移植的试验。他先选了两只健康的蜜蜂，训练它们每天在一定的时间从蜂房飞出，到另一个蜂房去寻找一碗蜜糖。过了一段时间，这两只聪明的蜜蜂长了记性，每天到了一定的时间，都要做一次这样的飞行。马田从它们的脑神经中取出一点物质，注入两只没有经过训练的小蜜蜂神经组织中。结果，奇迹出现了：这两只从未去过新蜂房的小家伙居然像受过训练的长辈一样，每天到了固定的时间，毫不犹豫地飞向放有蜜糖的那个蜂房中去。马田的记忆移植成功了。

实验结果给人以有趣的启发：动物后天生活过程中学得的行为、经验、体验等记忆，能够经脑的提取物移植给另一个体。科学家由此设想，

171

可能有一些特殊物质能携带信息将记忆转移。美国贝勒大学医学院和田纳西大学的生物学家曾对大鼠进行了"反向实验"，即训练它们一反常态地喜欢光明、害怕黑暗。经过一段时间训练后，把大鼠杀死并对其脑中化学物质进行测定。结果表明，这些受过训练的鼠脑中产生一种十五肽的化学物质，称之为"恐暗素"。随后又用人工方法在实验室中合成了这种"恐暗素"，用之注射到正常大鼠脑中，这些大鼠果然像接受了天然的十五肽一样，由喜黑暗变成怕黑暗。

对动物进行的脑移植试验启示科学家，建立在物质基础上的记忆完全可以在不同大脑之间实现传递。

动物记忆可以移植，人应该也不例外。当然科学家们不可能从一个人的脑中取出一些物质移入另一个人的脑中，看看有什么效果。但却设想了一些从一个脑中拷贝知识到另一个脑中的模式：用一种仪器记录下一个人的大脑活动情况，然后用另一种仪器将信息输入到另一个人的大脑中去，就像给电池充电一样，因此科学家们称其为"充电"模式。当然，科学家们还设计了另外一些模式。也许他们的目的就是要找到一种突破式的获取知识的新方法，让我们不再停留于书本知识共享的时代，而要进入一个脑资源共享的新时代。

还有一些科学家们相信：记忆不仅可以移植，而且可以在实验室中人工合成。人们设想，经过若干年后，也许专门制造特殊记忆物质的专业化工厂，也将像制造录音带或光盘一样投入生产，并为人们的学习和创新服务。那时，人们就真正生活在记忆的"自由王国"中了。

蛋白质工程

　　蛋白质是生命活动中最重要的物质。它们在活细胞中担任各种分解、合成、信号传递、运送等各种生命活动。每一类蛋白质都有各自固定的特征，这与它们的基本构成单位有关。蛋白质的基本构成单位是氨基酸。可以设想蛋白质是一个演员，那么氨基酸就是蛋白质的器官。"蛋白质演员"拥有数十到数百个不同器官，而且每一种器官的组成次序也不尽相同。当器官的组合与顺序改变时，就产生新的蛋白质，所担任的角色类型与功能也会有所不同。以上氨基酸的组合与顺序称为蛋白质的一级结构，此结构将会决定蛋白质的二、三和四级结构。刚合成出来的蛋白质只具有线性的一级结构，此时它没有生物学活性。随后，它会按照氨基酸的种类与次序，自行排列成螺旋状或平板状的二级结构。以二级结构为基础，蛋白质在细胞环境内会自行绕曲折叠，形成稳定的三级结构，这时蛋白质演员便可以粉墨登场了。由于蛋白质的作用非常之大，人们便希望能充分的利用它们。但是，有时某些蛋白质由于自身条件的限制，达不到人们的要求，于是人们便希望能改造它们，从而为人类更好的服务。改造蛋白质的工作就可以称为蛋白质工程。

　　蛋白质工程这一名称最早是 1981 年由美国基因公司的 Ulmer 提出的。随着分子生物学、晶体学及计算机技术的迅猛发展，蛋白质工程在最近十几年中取得了长足的进展，成为研究蛋白质结构和功能的重要手段，同时广泛应用于制药及其他工业生产中。

目前,蛋白质工程主要集中在改造现有的蛋白质这一领域。一般需要经过以下步骤。第一,要分离纯化需改造的目的蛋白。第二,对已分离纯化的蛋白质进行氨基酸序列测定、X射线晶体衍射分析、核磁共振分析等一系列测试,尽可能多地获得该蛋白结构和功能数据。第三,通过蛋白序列设计核酸引物或探针,从cDNA文库或核基因文库中获取编码该蛋白的基因序列。第四,设计改造方案。第五,对基因序列进行改造。第六,将经过改造的基因片段插入适当的表达载体,并加以表达。第七,分离、纯化表达产物并对其进行功能检测。

如果对需改造的蛋白的结构与功能的关系已了解得十分清楚,便能够准确地预知所要改变的氨基酸残基可能会引起的结构、功能变化,因而可以根据不同的目的,选择不同的氨基酸残基加以改变。但是在大多数情况下,目的蛋白的结构与功能的关系尚不清楚,这时,对蛋白的改造就较为困难。通过许多研究者的不懈努力,目前已经总结出一些行之有效的规律,并指导着人们进行更加深入的研究与探索。

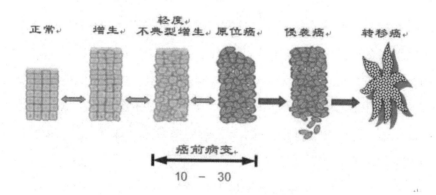

破译蛋白质

生物学真正是 21 世纪的科学。科学家在 2001 年宣布，在花费了 10 年和 24 亿英镑之后，一项国际性的努力已经在产生一幅人类基因组草图方面获得成功。现在正在制订有关一项更大规模倡议的计划。已经创建了人类蛋白质组组织(HUPO)，以协调人类蛋白质组的破译——即充分认识人体每个蛋白质的结构和功能。

蛋白质领域中的这个与人类基因组计划相当的计划对在分子水平上认识疾病和加快药物的发现速度是至关重要的。没有它，人类基因组计划所产生的一切数据就没有什么实际用途，虽然基因可能提供了生命的蓝图，但是根据这些信息产生行动并推动人体发挥功能的却是蛋白质。正如一位研究人员所说："仅仅盯着脱氧核糖核酸，我们所了解的东西几乎为零。我们需要认识发动机本身，而不是发动机的蓝图。"

人类蛋白质组计划完成起来的复杂性将是人类基因组计划的 1000 倍。人类拥有大约 3 万个基因，但却被认为拥有起码是这一数字 10 倍的蛋白质。这些蛋白质能够以不同方式表达自己，具体情况要看它们是独自活动还是与其他蛋白质合作。此外，虽然人类基因组计划进行基因排序所依靠的不仅仅是一项基本技术，但是破译蛋白质组所要求的却将是许多项有待开发的新技术。

但破译人类蛋白质组所带来的实际应用将十分了不起，以致每个星期都有一家新的蛋白质组技术公司出现。HUPO 的宗旨就是协调这一不断兴旺发展的产业,它注重合作的必要性,而不是自身利益。如果它获得成功,我们在今后 20 年内可能会看到生物学新的伟大科学突破的到来。

我们为什么需要认识蛋白质才能了解人类基因组计划的意义?我们距离做到这一点到底有多么接近?

生命的物质

什么在先,是蛋白质还是基因? 正如英格兰作家萨缪尔·巴特勒所说:"蛋白质就是基因制造另一个基因的方式;基因就是蛋白质制造另一个蛋白质的方式。"基因包含生命的原始资料,但没有蛋白质来提供这条生命的一个结构和发动机,基因怎么才能复制和生存?同样道理,如果没有基因供一种生命形式传宗接代, 拥有一个从蛋白质中构筑的生命形式又有什么用处呢?

人们曾经以为,基因是由蛋白质构成的。但在 1953 年,剑桥卡文迪什实验所的克里克和沃森弄清了脱氧核糖核酸的双螺旋结构以及它如何携带遗传信息。同年在同一地方,佩鲁茨和肯德鲁在经过 20 年的研究后宣布了两种蛋白质的三维结构:一种是血液中携带氧气的血红蛋白,另一种是肌肉中储存氧气的肌红蛋白。他们是利用 XX 射线晶体学技术做到这一点的。

由于这些突破性成果,克里克和沃森获得了 1962 年的诺贝尔医学奖,佩鲁茨和肯德鲁获得了同年的诺贝尔化学奖。

在从那时以来的半个世纪里,科学家们构筑了一个由大约 8000 个人类蛋白质结构组成的知识基础, 其中每个都代表了几个月或者几年的研究成果。这仅仅是开始,然而还有几十万个结构需要弄清。此外,了解蛋白质在三维上如何定向仅仅是这些生命攸关的化合物的部分情况。要想充分利用人类基因组计划所产生的数据,就需要了解驱动我们身体的三维蛋白质结构如何从这些数据中产生。只有到那时,我们才能真正把握疾病的分子基础和治疗所需的药物。

在与克里克一起发现双螺旋结构之后,沃森一心致力于认识基因如何转变成蛋白质,即他所说的"生命领域中像古埃及罗塞塔石碑的发现一样具有揭示意义的事件"。由于猜测一种与脱氧核糖核酸(DNA)关系密切的分子——核糖核酸(RNA)对这一过程具有核心重要性,他与同时代的其他几位著名科学家一起成立了一个俱乐部,称为"RNA领带俱乐部",只吸收20名成员参加,每人负责构成蛋白质的氨基酸当中的一种。到1966年,多亏了俱乐部和另外一些科学家的努力,再加上克里克在知识上的孜孜以求,蛋白质如何从基因中制造得到了充分认识。

现在认为RNA的历史比基因和蛋白质还要悠久。它是参与蛋白质合成的关键材料。DNA由4个化学基——腺嘌呤(A)、鸟嘌呤(G)、胞嘧啶(C)和胸腺嘧啶(T)构成,而RNA则是由上述前3个化学基和称为尿嘧啶(U)4个构成。 RNA的一种形式,称为信使核糖核酸(mRNA),能够进入细胞核(一种生命形式的DNA存在其中)并将自己制造成基因组任何部分的一个副本,然后离开细胞核并附着在一个核糖核蛋白体上。

在RNA中的4个化学字母当中的每3个字母的组合代表20个氨基酸之一。一个或更多的多肽包含组成一个蛋白体所需的所有氨基酸。但这些线性的排序仅仅标志着一个蛋白体的"初级结构"。蛋白体要想实现自己的功能和发挥作用,就必须采取其最终的三维形状。这种"折叠"可能会花费几微秒到几秒。这在生物化学世界里是很长时间。然后蛋白体被储存在内质网中供以后使用,被携带到戈尔吉体中以添加糖,或者被立即输送到其功能场所,不管是在细胞内部还是以外。

从表面上看，我们似乎知道有关基因如何被转变成蛋白质的一切。诚然，多亏了克里克和沃森等 20 世纪的伟大生物学家，我们对生命的罗塞塔石碑有了足够好的了解，以理解人类基因组数据。但不幸的是，这一过程中的一个成分所带来的蛋白质继续跟科学家们捉迷藏。这就是一个蛋白体折叠成其三维形状的方式。这一过程在半个多世纪以来一直使生物学家们感到困惑。

生物学的难题

古希腊传说描述了一个叫做普罗透斯的古老海神，蛋白质（"普罗蒂恩"）一词就是从其中派生的。他生活在埃及近海的法罗斯岛上，像其他海神一样，通晓过去、现在和未来，能够呈现为不同的形状。人们经常前来求助于他的预言，但他厌恶合作。来访者为了获得答案，不得不出其不意，在他于岩石上睡觉时把他捆绑起来。他千方百计变化形状以图逃跑。但人们最终牢牢地缚住他，获得了答案。尔后这位海神生气地一头扎进海里。

普罗透斯在古希腊被看作从中缔造了人类的所有物质的象征。今天，他的故事反映了生物学家们在寻求认识蛋白质的过程中所面临的核心问题。由于蛋白质储存着有关我们遥远过去的信息并且具有揭示我们未来健康状况详情的潜力，所以它们像普罗透斯一样，掌握着打开科学家们急于打开的有关我们生命的知识宝库的钥匙。但如果没有对人体几十万种蛋白质当中的每一个是如何根据氨基酸的线性排序呈现为其最终形状的认识，基本上就无法获得这一知识的。

蛋白质的折叠问题已经有 50 多年历史。伟大的化学家莱纳斯·波林演绎出了氨基酸自我折叠的两种简单但惯常的方式，称为阿尔法螺旋和贝塔薄片,从而获得了 1954 年的诺贝尔化学奖。它们只是蛋白质结构的两个基本要素,仅仅标志着这一折叠过程的第一阶段。为了达到其最后的造型——称为天然状态——一个蛋白体会多次地自我扭曲,以扭转、旋转、结状和环状将自己包裹成一团,然后逐渐以三维形状静止下来。这一形状将决定其功能。它复杂的折叠中的裂缝与沟纹使它得以附着在其他分子上面。

蛋白质的折叠对生命具有重要意义,被一些人称为"遗传密码的下半部分"。无怪乎当它出毛病时,生命受到威胁。最近的发现表明,一系列的彼此不相关的疾病都是由某些蛋白质的折叠失误所造成,这些疾病包括早老性痴呆、囊肿性纤维化、疯牛病以及与之相当的人类疾病CJD、一种遗传性的肺气肿、遗传性慢性舞蹈病和许多癌症。

在寻找治疗这些疾病方法的刺激下,科学家们加紧努力,以解决蛋白质折叠问题。但预测一条悬摆着的氨基酸链最终会呈现为何种三维形状绝非易事。它能够自我扭结几亿种方式——想想一条鞋带便知——但它最终所呈现的却是一种精确的、事先决定好的形状,这一形状是通过千百万年的进化所选择的完成这项任务的最佳形式。来自许多不同学科的科学家们正在利用一系列不同方法,从 X 射线驱散到原子力显微镜,来攻克这一课题:一个一维的排序怎么决定着一个三维的形状?

解决这一问题的一项普通做法涉及高速电脑的使用。加利福尼亚大学的一个研究小组利用一台格雷 T3D 和 T3E 超级电脑在水中用了一微秒追踪一个很小的蛋白体的折叠过程。这听起来可能不像是很大的成就,但考虑一下这些超级电脑花费了 100 天,动用了 256 台处理器,才弄清了在这一微秒时间里,所有该蛋白体的 12000 个原子与其周围环境之间的相互作用。这些相互作用在研究过程中每一飞秒(一纳秒的百万分之一）就必须重新计算。

电脑的威力

这是在蛋白质折叠模拟方面向前迈出的一大步，但它仍然仅仅是管窥了这一折叠过程。蛋白质完成折叠所花费的时间从 10 微秒到几秒钟都有，因此全程追踪一个蛋白体直到其天然状态，所耗用的电脑能量是惊人的。

需要功率更大的计算设备来模拟蛋白体折叠全过程。1999 年，IBM 公司宣布开发"蓝色基因"——一台每秒钟能够进行 10 的 24 次方次运算的新电脑。这台电脑到 2004 年制成时将被用于解决蛋白体折叠问题。

如果"蓝色基因"或任何其他科学工具能够帮助解决这一问题，则它对医学的涵义将是巨大的。不是必须花费许多年时间试验新的药物以使之完善，而是将有可能在一台电脑上对其进行虚拟设计。生物化学家们将能够认识和了解与病毒作斗争的抗体的形状。像普罗透斯一样，我们将能够观察一个人的基因组，就其未来的健康状况做出预测。

从蛋白质中找答案

2001 年 10 月 7 日，大约 100 位科学家在弗吉尼亚州里斯堡开会讨论制订一项蛋白质方面与人类基因组计划相当的计划。会议的组织者是新近成立的人类蛋白质组组织(HUPO)。它是为了协调参与蛋白质组科学的越来越多的私营公司的努力和公共计划而于 2001 年成立的。会议所传出的信息是敦促人们保持耐心。该组织的第一任主席、密歇根大学的哈纳什说："HUPO 知道循序渐进是重要的。"

这种谨慎的调子并不出人意料。据估计，与从人类基因组中所获得的信息相比，人类蛋白质组中所包含的信息是其 100 倍。从概念上讲，人类基因组计划是相当直截了当的。它所涉及的是从头至尾读出组成人类基因组的 30 亿个化学字母。而一项人类蛋白质组工程则会复杂得多。它将涉及建立有关人体的几十万个蛋白体当中每一个的氨基酸排序、行为和功能的数据库。一个蛋白体的行为能够依据其是独自活动还是与其他蛋白体合作而改变。

现在并非第一次制订像 HUPO 这样的计划。1980 年，美国做出了一项努力，以启动人类蛋白质索引(HPL)。但它输给了 1985 年倡议的人类基因组计划。既然人类基因组计划的初步草案已经完成，科学家们一致认为自己现在牵肠挂肚的问题是"下一步怎么走?"尽管一项蛋白质组计划将会带来的研究与合作的规模令人难以承受，但是人们的普遍共识是，它的时机已经到来。

自从 80 年代初谈论人类蛋白质索引计划以来，实施这样一项计划所需的工具已经大大改进。对于分离和确认不同细胞中的蛋白质的过程具有核心重要性的是二维凝胶电泳技术。虽然这项技术从 1975 年以来一直存在——其发明标志着蛋白质细学的诞生，但是它近年来经历了一系列的改进，从而使察觉比较罕见的蛋白体成为可能。

蛋白体数据库

如果一个蛋白体没有在蛋白体数据库中登记，弄清一个蛋白体的重量并不会导致其得到分辨。自从佩鲁茨和肯德鲁于 1953 年破译血红蛋白和肌红蛋白的结构以来，已经弄清了大约 8000 个其他蛋白体。但还有千万个结构尚未查明。确定一个蛋白体的基本形式在佩鲁茨和肯德鲁的时代花费了许多年,而现在,一位生物化学家给现有的各种蛋白体数据库增添一个结构却仅用几个月,有时是几天。然而努力通常集中在被认为具有有趣的生物或医学性质的蛋白体上面,"令人烦闷的"蛋白体往往被撇在一边。

由于认识到进行有组织的努力和建立一个比较全面的蛋白体中央数据库的必要性,所以 2000 年底在美国启动了一项政府资助的公共计划。在国家普通医学研究院(NIGMS)协调下,耗资 1.1 亿英镑的蛋白质结构计划(PSI)在创建蛋白质结构和功能的充分库存方面采取了一项新颖的做法。PSI 研究人员不是分辨单一的蛋白质结构,而是正在辨别蛋白质结构家族,通过按照蛋白质的"折叠"来将蛋白质分组。大多数生物学家都认为,大概有不到一万种不同的"折叠"类型,几乎所有的蛋白体都将属于这些折叠家族之一。该计划定于 2010 年完成。

一件好事是看到了蛋白质组学吸引着公共资助——关于我们的蛋白质的信息像有关我们基因的信息一样,应当在获得后立刻免费地提供,而公共投入乃是确保这一点的最佳途径。然而虽然人类基因组计划是一项完全的公共倡议,但是人类蛋白质组计划很可能将需要公共与私营部门的混合。尽管二维凝胶电泳和质谱分析法等核心性的蛋白质组技术达到了精湛并实现了自动化,但是我们要想真正认识成千上万个蛋白体如何同一时刻在细胞的各个部分中合作的复杂性,却需要更加先进的技术。这些技术通过私营部门的竞争优势而产生的可能性最大。

由于认识到未来的挑战和成功将会带来的滚滚财源,所以每天都有一家新的蛋白质组技术公司创建。生物药品公司认识到,蛋白质组科学同基因组科学相比,与疾病过程的距离要近得多,它是发现新的神奇药物的钥匙。一位市场评论家说:"在蛋白质组技术市场开发的早期阶段,没有明显的赢家。这意味着机遇是大量存在的。"

　　HUPO必须在协调这个不断兴旺发展的产业方面获得成功,否则蛋白质组技术的收益就会丧失。一位专家说:"蛋白质组技术是一片汪洋大海,许多人都能够在其中游泳,甚至可能互相帮助浮在水面上。"他警告说,不合作的替代途径就是破坏与自私自利的竞争。

　　人类蛋白质组计划要想成功,公私双方的协作就必须培养,而且必须有耐心和做好规划。在1985年构思人类基因组计划后,一项试验工作花了6年时间方才开始,又花了9年时间才展开了全面生产。蛋白质组技术必须经历同样谨慎筹划的过程。只有到那时,生物学下一项重大的科学倡议才有机会成功。

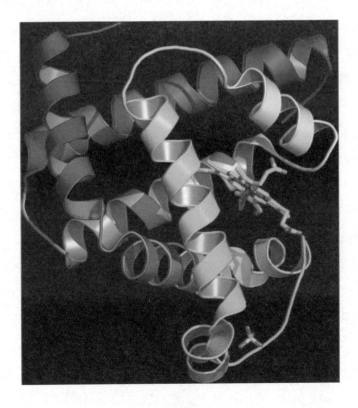

蛋白质指纹图谱

4月21日,蛋白质指纹图谱技术学术研讨会在北京召开。该技术在国际上的最新进展是可以通过一个蛋白不同片段的变异,测出不同类型肿瘤或其他疾病,具有快速、简便、准确及特异性强等特点。蛋白质指纹图谱技术标志着一种划时代的诊断模式诞生。蛋白质指纹图谱技术是随着蛋白质组学兴起的一种新技术,用于各种疾病特异性蛋白指纹的识别和判断,可以直接检测不经处理的尿液、血液或细胞裂解液等。例如,传统的卵巢癌肿瘤标志物 CA-125 的诊断准确率约 25%,而蛋白质指纹图谱技术的准确率可达 99%,较 CT、MRI 更早发现肿瘤,使肿瘤的早诊断、早治疗成为可能。据来自美国赛弗吉公司亚太区总裁许洋博士介绍,该技术于上世纪末在美国发明并试用于临床,目前美国已用开发出的卵巢癌蛋白质指纹图谱开展对卵巢癌的筛查。为了推动中国蛋白质指纹图谱技术的研发, 北京加速蛋白质组学研发中心通过技术上的支持对接,与北京、上海、杭州等 15 家大型科研院所和临床医院合作,在近两年成功解码了不同类型的肿瘤、心脑血管病、感染性疾病等 30 多种疾病的蛋白质指纹图谱,拥有了我国的发明专利和自主知识产权,为该技术走向临床检测和生物制药产业化打下了坚实的基础。本次研讨会上,研究人员多角度、多层次介绍了蛋白指纹的解码与应用,以及肺癌、胃癌、结直肠癌、SARS 等疾病的蛋白指纹图谱的研究进展和临床应用情况。据悉,该技术于去年底经国家食品药品监管局批准进入中国市场。